高等职业学校"双高计划"新形态一体化教材

物联网工程项目设计与实施

案例式

- 主　编　吴勇帑　熊泽明
- 副主编　杨　俭　骆　伟　王玉龙　阳　鹏
- 参　编　蒲彦钧　王昌洪　文　华　杨　鉴　袁　枫　卿开剑
- 主　审　张　智　熊辉俊

U0272478

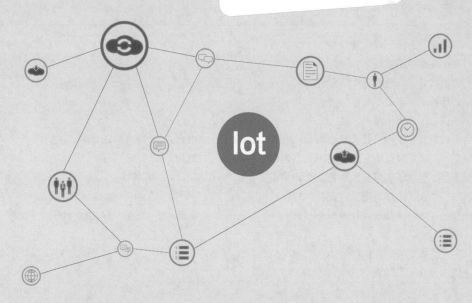

华中科技大学出版社

http://www.hustp.com

中国·武汉

内 容 提 要

本书由校企深度合作——"校企混编师资团队"成员共同编写完成,完全按照企业对物联网工程项目实施人员的能力要求,根据《国家职业教育改革实施方案》精神,采用模块化教学设计,内容包括八个模块,除模块一,每个模块由一个具体工程案例作为载体,进行深入的案例剖析和技能训练,涉及物联网工程领域的可行性研究报告、解决方案设计、招投标、合同管理、监控设备选型、概预算和智慧农业综合练习等内容。

本书可作为高等职业院校、高等专科学校、成人高校的物联网相关专业的教学用书及社会从业人员的业务参考书或培训用书。

图书在版编目(CIP)数据

物联网工程项目设计与实施/吴勇帮,熊泽明主编.—武汉:华中科技大学出版社,2022.8
ISBN 978-7-5680-8264-8

Ⅰ.①物… Ⅱ.①吴… ②熊… Ⅲ.①物联网-高等职业教育-教材 Ⅳ.①TP393.4 ②TP18

中国版本图书馆 CIP 数据核字(2022)第 127178 号

物联网工程项目设计与实施   吴勇帮   熊泽明   主编
Wulianwang Gongcheng Xiangmu Sheji yu Shishi

策划编辑:张 玲   徐晓琦
责任编辑:朱建丽
封面设计:原色设计
责任校对:张会军
责任监印:周治超
出版发行:华中科技大学出版社(中国·武汉)   电话:(027)81321913
         武汉市东湖新技术开发区华工科技园   邮编:430223
录   排:华中科技大学惠友文印中心
印   刷:武汉市籍缘印刷厂
开   本:787mm×1092mm   1/16
印   张:15.5
字   数:394 千字
版   次:2022 年 8 月第 1 版第 1 次印刷
定   价:55.00 元

物联网工程领域一般包括立项、实施、验收三个环节,可对应方案解决设计师、售前工程师、招投标专员、运维工程师、工程实施人员等多个岗位,此为本书编写的目的所在,使学生了解不同的工作岗位职责,尤其是针对售前工程师岗位,要具备充分的认识。

本书主要定位为国家职业教育物联网应用技术专业教学使用教材,按照高职高专物联网应用技术专业人才培养方案的要求,结合物联网工程实际应用案例及编者自身经验编写而成,具有较强的实战性和可用性。

全书按照模块化教学方式进行内容组织,融合多个实战案例,通过【学习目标】→【学习情境描述】→【知识准备】→【任务书】→【任务分组】→【工作准备】→【引导问题】→【工作计划与实施】→【评价反馈】→【相关知识点】→【习题巩固】→【思政案例分享】逐步递进,引导读者轻松掌握各知识点和技能点。

物联网工程项目设计与实施,是一门综合性和应用性极强的课程。本书遵照职业能力标准,以就业为导向,内容涵盖了物联网工程领域的可行性研究报告、解决方案设计、招投标、合同管理、监控设备选型、概预算和智慧农业综合练习等内容,着重训练学生对工程项目设计和实施方面的能力和工程技能。

本书主要特色和创新点如下。

(1)内容上打破传统的学科体系结构,根据职业岗位能力要求,采用模块化教学方式组织编写。

(2)采用模块化教学设计,以典型工作任务为载体,以学生为中心,其核心任务是帮助学生学会如何工作。

(3)采用校企合作双元、工学结合一体人才培养模式,服务于企业用人需求,可满足学习者职业生涯发展需求。

本次配套教材编写实现了互联网与传统教育的完美融合,采用"纸质教材＋数字课程"的出版形式,以新颖的编排形式,突出资源导航。通过扫描二维码,即可观看微课等资源,随扫随学,突破教学的时空限制,激发学生自主学习兴趣。

本书建议总学时为 96 学时,教学场地采用理实一体化教室,采用模块化教学方式,学生以小组分工进行团队协作练习。

本书在编写过程中,参考了大量的行业相关资料,突出了案例在实际工作场景中的应用。编者水平有限,不当之处在所难免,恳请广大读者批评指正。

编　者
2022 年 4 月

目　录

Contents

模块一　导言

1.1　背景描述

微课：v1-1
物联网工
程项目导
言

　　物联网工程是研究物联网系统的规划、设计、实施、管理与维护的工程科学。要求物联网工程技术人员根据既定的目标，依照国家、行业或企业规范，制定物联网建设的方案，协助工程招投标，开展设计、实施、管理与维护等工程活动。物联网工程的规划与设计涉及范围广泛，属于典型的交叉学科，涉及电子、计算机、测控、通信、软件等多个专业的知识，想要从事物联网行业的学生可以选择一个专业方向学精、学专，以备将来可以从事更高端细分领域的工作及研究。本书的写作目的旨在帮助学生梳理完整的工程体系，建立工程思维，同学们在通过本书的学习之后，能够从事一般物联网工程项目的规划与设计，根据个人的性格特点和职业发展规划选择合适的工作岗位。

　　为了便于大家了解工程规划与设计的行业发展，编者进行了网络调查。根据网络调查显示，以重庆为例，目前从事工程项目设计与实施的相关岗位，平均薪资已达到 9.9 k[①]，处于较高的收入水平，未来的发展空间良好，具体如图 1-1 所示。

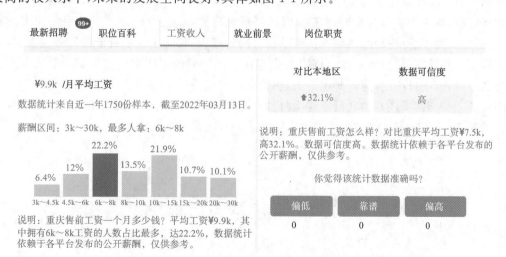

图 1-1　售前工程师薪资收入图

---

　　①　这里的 k 表示千元。

1.2　课程性质

　　"物联网工程项目设计与实施"是一门基于物联网行业工作过程开发出来的技术领域课程,是物联网应用技术专业的核心课程。通过本课程的学习,要求学生能够遵循行业规范和国家法律法规,根据具体的岗位需求进行物联网项目的工程规划、方案设计、工程招投标、合同管理、预算报表制作等,毕业后能够在物联网售前技术工程师、物联网实施工程师、招投标专员、工程设计师、项目经理等岗位工作。本课程与前修课程物联网技术基础导论、单片机技术与应用、射频识别技术与应用、网络组建和服务器建设等相衔接,是对在校所学知识的一次综合性的应用。

　　适用专业:物联网应用技术。

　　开设时间:第四学期。

　　建议课时:96学时。

1.3　典型工作任务

　　物联网工程项目设计与实施是物联网技术综合应用的重要环节,根据物联网工程项目的业务流程,本书主要分为物联网工程项目可行性研究报告、物联网工程项目解决方案设计、物联网工程项目招投标、物联网工程项目合同管理、物联网工程项目监控设备选型、物联网工程项目概预算、智慧农业综合练习七个模块。同学们根据每个模块所给出的实际案例进行学习,划分项目小组,建议每组6人,明确各小组成员的工作岗位,按要求完成各章节规定的任务。特别需要注意物联网工程项目设计与实施需要满足符合国家相关质量验收标准和技术规范,工程项目关键节点应加强自主知识产权技术产品的应用。

1.4　课程学习目标

　　通过本课程的学习,能够达到以下学习目标:

　　(1)了解物联网工程领域的岗位要求和相关技能;

（2）能够根据实际应用合理地部署工程环境；

（3）掌握物联网工程实施过程中涉及工具的选型、使用；

（4）具有收集整理工程数据，绘制规范报表，完整地写出规范项目报告的能力；

（5）掌握物联网工程中涉及的常用网络、监控设备的安装；

（6）能够掌握工程项目方案设计的能力，具备项目招投标的业务能力。

1.5　学习组织形式与方法

通过各个章节情境描述内容，使学生熟悉物联网工程项目规划与实施环节的内容。通过实际的工程项目案例，引出相关知识点，通过老师引导、学生自主查阅资料的方式进行知识点的学习。在每个章节配置相应的任务练习，学生以 5~6 人分为一组，按照项目经理、工程实施人员、材料制作人员、市场人员、技术人员等岗位进行划分，按小组完成章节任务。

1.6　学习情境设计

学习情境设计表如表 1-1 所示。

表 1-1　学习情境设计表

序号	学习任务	载体	学习任务简介	学时
1	可行性研究报告	智慧城市可行性研究报告	熟知国家和行业相关的政策；清楚一般物联网工程项目的可行技术方案；分析项目可能带来的环境问题；从组织管理、招投标管理、人员管理等方面进行可行性分析；会进行一般的财务测算；符合文字和排版的要求	12
2	物联网工程项目解决方案设计	智慧社区整体解决方案	理解物联网工程项目方案设计的基本流程；理解设计规范的作用和意义；熟悉国家相关的法律法规；能够独立查阅设计规范，整合相关资源；熟悉行业发展动态，具备一定的技术能力	18
3	物联网工程项目招投标	校园信息化采购项目招投标	掌握物联网工程项目招投标的概念；掌握物联网工程项目招投标的流程；熟悉招投标文件常见的格式与内容；能够根据项目需求及特点撰写招投标文件；能够建立模拟给定项目的投标过程个别环节	18

续表

序号	学习任务	载体	学习任务简介	学时
4	物联网工程项目合同管理	物联网工程项目合同管理	了解物联网工程项目合同管理的概念和种类;熟悉物联网工程项目合同的主要条款和作用;掌握物联网工程项目合同的订立原则;了解《中华人民共和国合同法》的主要内容;掌握物联网工程项目合同管理的工具和技术;熟悉合同谈判的过程和方法;掌握物联网工程项目合同纠纷的解决方法	12
5	物联网工程项目监控设备选型	安防项目视频监控选型	掌握监控设备的选型原则;熟悉市场上主流的品牌和设备参数;了解各类监控设备的性能指标;能够查阅各类厂商监控设备的相关资料;能够进行方案设计、投资概预算	12
6	物联网工程项目概预算	物联网工程项目通信系统概预算	掌握估算、概算、预算、结算的概念,熟悉定额和概预算的编制,能够根据工序合理安排设计、施工周期,能够依据概预算文件合理估算工程投资	12
7	智慧农业综合练习	智慧农业工程项目建设	了解智慧农业工程项目的相关产品和技术架构;了解智慧农业工程项目实施的工作流程;能够根据工程项目特点进行合理的施工部署;能够合理地把控工程的进度、质量,分析工程实施过程中可能的风险因素;能够归纳梳理工程资料	12

1.7 学业评价

学业评价表如表 1-2 所示。

表 1-2 学业评价表

学习项目一		学习项目二		学习项目三		学习项目四		学习项目五		学习项目六		学习项目七		总评
分值/分	比例/15%	分值/分	比例/15%	分值/分	比例/15%	分值/分	比例/15%	分值/分	比例/10%	分值/分	比例/15%	分值/分	比例/15%	

续表

学习项目一		学习项目二		学习项目三		学习项目四		学习项目五		学习项目六		学习项目七		总评
分值/分	比例/15%	分值/分	比例/15%	分值/分	比例/15%	分值/分	比例/15%	分值/分	比例/10%	分值/分	比例/15%	分值/分	比例/15%	

模块二 物联网工程项目可行性研究报告

2.1 学习目标

1. 任务目标

- 熟练掌握可行性研究报告的内容构成；
- 熟练掌握可行性研究报告的编写范围和编制依据；
- 熟练掌握可行性研究报告的风险评估和应对；
- 了解可行性研究报告财务预测方法。

2. 能力目标

- 能够根据物联网工程项目的立项需求撰写可行性研究报告；
- 能够进行一般的物联网工程项目解决方案设计；
- 了解物联网工程项目的建设流程。

3. 素质目标

- 培养独立思考的能力；
- 培养积极沟通的能力；
- 培养团队合作的能力。

4. 思政目标

- 培养学生环境保护意识；
- 培养学生严谨的科研态度。

2.2 学习情境描述

微课：v2-1
可行性研
究报告用
途

　　可行性研究报告是确定建设项目前具有决定性意义的工作，是在投资决策之前，对拟建项目进行全面技术经济分析论证的科学方法。在投资管理中，可行性研究是对拟建项目有关的自然、社会、经济、技术等进行调研、分析比较及预测建成后的社会经济效益。在此基础上,综合论证项目建设的必要性、财务盈利性、经济上的合理性、技术上的先进性和适应性及建设条件的可能性与可行性,从而为投资决策提供科学依据。

为了便于学生理解可行性研究报告在工程实施流程中的作用,以下为物联网工程项目建设程序,主要过程包括立项阶段(项目建议书、可行性研究报告、项目评估)、实施阶段(方案设计、招投标、设备采购、工程实施等)、验收阶段(初步验收、生产准备、试运行、竣工验收),物联网工程项目建设程序图如图 2-1 所示。

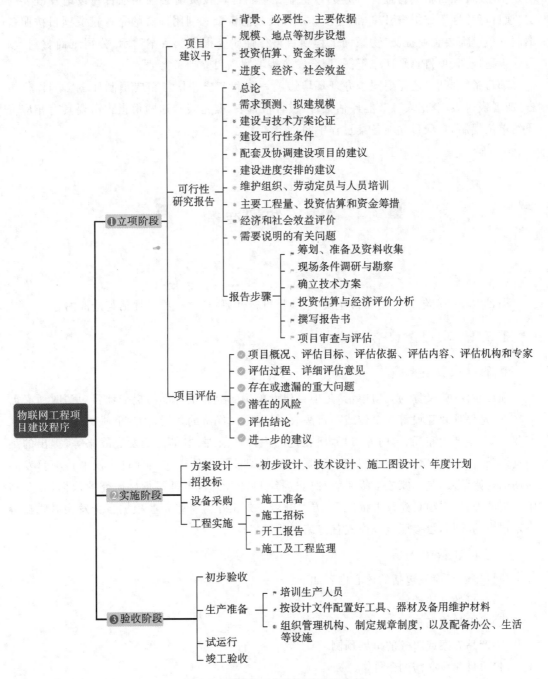

图 2-1　物联网工程项目建设程序图

物联网工程项目可行性研究报告的主要用途是：在发改委申请项目立项、在国土局审批土地、在银行申请贷款、申请进口设备免税、申请政府资金和补贴、向投资者融资、指导项目建设实施。

物联网工程项目可行性研究报告主要用于内资企业新建(或改扩建)物联网工程项目在发改委申请立项和在银行申请贷款，需要加盖工程咨询章才能生效。根据国家发改委颁布的《企业投资项目备案管理暂行办法》，企业在项目建设投资前必须到项目建设地发改委提交"项目可行性研究报告"以申请立项。不涉及政府资金和利用外资的企业投资项目按照备案制立项。需要企业提交"物联网工程项目可行性研究报告"、备案请示、公司工商材料、项目建设地址图、项目总平面布置图，配合发改委填写项目立项备案表。

项目备案同时，还需要同步办理环境影响评价和节能评估。需要编制环境影响评价报告(或者报告表、登记表)、节能评估报告(或者报告表、登记表)，这两份报告需要具有相应资质的单位编制，是项目立项备案过程中的重要文本之一。

2.3 知识准备

项目立项一般包括提交项目建议书、项目可行性研究报告、项目评估与论证内容。

2.3.1 项目建议书

1. 项目建议书概念

项目建议书(又称为立项申请)是项目建设单位向上级主管部门提交项目申请时所必需的文件，是该项目建设筹建单位或项目法人，根据国民经济的发展、国家和地方中长期规划、产业政策、生产力布局、国内外市场、所在地的内外部条件、本单位的发展战略等，提出的某一具体项目的建议文件，是对拟建项目提出的框架性的总体设想。项目建议书是项目发展周期的初始阶段，是国家或上级主管部门选择项目的依据，也是可行性研究的依据，涉及利用外资的项目，在项目建议书批准后，方可开展对外工作。有些企业根据自身发展需要自行决定建设的项目，也参照这一模式首先编制项目建议书。

2. 项目建议书内容

项目建议书应该包括的核心内容如下：

(1)项目的必要性；

(2)项目的市场预测；

(3)产品方案或服务的市场预测；

(4)项目建设必需的条件。

3.项目建议书模板

项目建议书模板(仅供参考)

目　录

8.4 项目财务测算相关报表(经济指标测算、利润、税收、投资回报率等)

第九部分　项目风险分析

第十部分　社会效益评价

第十一部分　项目建议

2.3.2　项目可行性研究报告

微课:v2-2
可行性研
究报告内
容

1.可行性研究报告的内容

可行性研究报告是通过对项目的主要内容和配套条件,如市场需求、资源供应、建设规模、工艺路线、设备选型、环境影响、资金筹措、盈利能力等,从技术、经济、工程等方面进行调查研究和分析比较,并对项目建成以后可能取得的财务、经济效益及社会效益进行预测,从而提出该项目是否值得投资和如何进行建设的咨询意见,为项目决策提供依据的一种综合性的报告。可行性研究报告具有预见性、公正性、可靠性、科学性的特点。

可行性研究报告内容一般应包括以下内容。

1)投资必要性

主要根据市场调查及预测的结果,以及有关的产业政策等因素,论证项目投资建设的必要性。

2)技术的可行性

主要从项目实施的技术角度,合理设计技术方案,并进行比较、选择和评价。

3)财务可行性

主要从项目及投资者的角度设计合理财务方案;从企业理财的角度进行资本预算,评价项目的财务盈利能力,投资决策;从融资主体(企业)的角度评价股东投资收益、现金流量计划及债务偿还能力。

4)组织可行性

制定合理的项目实施进度计划,设计合理的组织机构,选择经验丰富的管理人员,建立良好的协作关系,制定合适的培训计划等,保证项目顺利执行。

5)经济可行性

主要是从资源配置的角度衡量项目的价值,评价项目在实现区域经济发展目标、有效配置经济资源、增加供应、创造就业、改善环境、提高人民生活水平等方面的效益。

6)社会可行性

主要分析项目对社会的影响,包括政治体制、方针政策、经济结构、法律、道德、宗教民族、妇女儿童及社会稳定性等。

7)风险因素及对策

主要是对项目的市场风险、技术风险、财务风险、组织风险、法律风险、经济及社会风险等因素进行评价,制定规避风险的对策,为项目全过程的风险管理提供依据。

2.可行性研究报告的编制依据

机会研究、初步可行性研究、项目建议书、详细可行性研究、项目评估与投资决策是投资前的六个阶段,在实际工作中,前两个阶段依照项目的规模和繁简程度可以省略,但是详细可行性研究是必不可少的。升级改造项目只做初步可行性和详细可行性研究,小项目一般只进行详细可行性研究。最终提交的可行性研究报告将成为项目评估和投资决策的依据。物联网工程投资项目进展过程如图 2-2 所示。

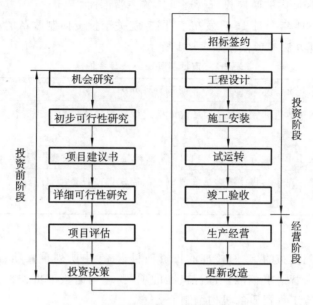

图 2-2 物联网工程投资项目进展过程

进行详细可行性研究时,必须在国家有关法律法规、政策、规划的前提下进行研究,同时还应当具备一些必需的技术资料。进行详细可行性研究工作的主要依据如下。

(1)国家经济发展的长期规划,部门、地区发展规划,经济建设的方针、任务、产业政策和投资政策。

(2)批准的项目建议书和委托单位的要求。

(3)大中型骨干建设项目,必须具有国家批准的资源报告、国土开发整治规划、区域规划、工业基地规划。交通运输项目,要有江河流域规划与路网规划。

(4)有关的自然、地理、气象、水文、地质、经济、社会、环保等基础资料。

(5)有关行业的工程技术、经济方面的规范、标准、定额资料,以及国家正式颁发的技术法规和技术标准。

(6)国家颁发的评价方法与参数,如国家基准收益率、行业基准收益率、外汇影子汇率、价格换算参数等。

3. 可行性研究报告现行投资管理制度

现行投资管理制度可以分为三类,即审批制、备案制、核准制,其中,可行性研究报告一般适用于备案制项目,而核准类项目一般需要向审核部门提交《项目申请报告》。

现对三类投资管理制度分述如下。

1)审批制

➤适用对象:政府投资建设的项目。政府投资项目是指全部或部分使用中央预算内资金、国债专项资金、省级预算内基本建设和更新改造资金投资建设的地方项目。

➤投资内容:政府投资主要用于社会公益事业、公共基础设施和国家机关建设,改善农村生产生活条件,保护和改善生态环境,调整和优化产业结构,促进科技进步和高新技术产业化。

➤投资方式：政府投资采取直接投资、资本金注入、投资补助、贴息等投资方式。

➤审批权限：省发改委是负责全省政府投资管理工作的主管部门；市、州、县（市、区）发改委是负责本行政区域内的政府投资管理工作的主管部门。

➤管理依据：2004 年 7 月 16 日发布了《国务院关于投资体制改革的决定》（国发〔2004〕20 号）。审批制管理办法参考依据如表 2-1 所示。

表 2-1　审批制管理办法参考依据

审批制管理办法
《国家发展改革委关于改进和完善报请国务院审批或核准的投资项目管理办法》（发改投资〔2005〕76 号）
《国家发展改革委关于审批地方政府投资项目的有关规定（暂行）》（发改投资〔2005〕1392 号）
《关于印发国家发展改革委核报国务院核准或审批的固定资产投资项目目录（试行）的通知》（发改投资〔2004〕1927 号）

2）核准制

企业投资国务院发布的《政府核准的投资项目目录》中所列重大项目和限制类项目的，均应当向当地投资主管请求核准。进行核准的项目，应当向核准机关提交申请报告。申请报告应当由具备相应工程资质的机构编制。

➤适用对象：重大项目和限制类项目。

➤目的作用：维护经济安全、合理开发利用资源、保护生态环境、优化重大布局、保障公共利益、防止出现垄断，外资项目还包括严格市场准入、管理资本项目、维护国家经济安全——政府对项目提出的外部管理要求。

➤管理依据：《国务院关于投资体制改革的决定》（国发〔2004〕20 号），2004 年 7 月 16 日；《政府核准的投资项目目录》。

➤核准管理权限：由《政府核准的投资项目目录》确定，地方政府可自行划分各级管理权限。

核准制管理办法参考依据如表 2-2 所示。

表 2-2　核准制管理办法

核准制管理办法
《企业投资项目核准暂行办法》（国家发展和改革委员会令第 19 号）
《外商投资项目核准暂行管理办法》（国家发展和改革委员会令第 22 号）
《境外投资项目核准暂行管理办法》（国家发展和改革委员会令第 21 号）
《国家发展改革委关于改进和完善报请国务院审批或核准的投资项目管理办法》（发改投资〔2005〕76 号）

3）备案制

凡属于《政府核准的投资项目目录》以外的企业投资项目，均实行备案制。总投资在 1 亿元以上的项目，由省发改委备案；总投资在 1 亿元以下的项目，由市（州）发改委备案。

➤适用对象：审批和核准目录范围以外的企业投资项目。

➤目的作用：发挥市场配置资源的基础性作用，落实企业投资自主权，确立企业在投资中的主体地位。

➤管理依据：2004 年 7 月 16 日，发布的《国务院关于投资体制改革的决定》（国发［2004］20 号）。

➤备案管理权限：属地管理。

备案制管理办法参考依据如表 2-3 所示。

表 2-3　备案制管理办法

备案制管理办法
《国家发展改革委关于实行企业投资项目备案制指导意见的通知》（发改投资［2004］2656 号）

4）三者的区别

备案制、核准制与审批制的区别主要体现在三个方面。第一，适用的范围不同。审批制只适用于政府投资项目；核准制则适用于企业不使用政府资金投资建设的重大项目和限制类项目；备案制适用于企业投资的中小型项目。第二，审核的内容不同。过去的审批制是对投资项目的全方位审批，而核准制只是政府从社会和经济公共管理的角度审核，不负责考虑企业投资项目的市场前景、资金来源、经济效益等因素。第三，程序环节不同。审批制一般要经过项目建议书、可行性研究报告、初步设计等多个环节，而核准制、备案制只有项目申请核准或备案一个环节。

4.项目立项涉及的各主体及各自的职责

1）发展改革部门

对项目的审批（核准）及向国务院提出审批（核准）的审查意见承担责任，着重对项目是否符合国家宏观调控政策、发展建设规划和产业政策，是否维护了经济安全和公众利益，资源开发利用和重大布局是否合理，是否有效防止出现垄断等负责。

2）环境保护主管部门

对项目是否符合环境影响评价的法律法规要求，是否符合环境功能区划，拟采取的环保措施能否有效治理环境污染和防止生态破坏等负责。

3）国土资源主管部门

对项目是否符合土地利用总体规划和国家供地政策，项目拟用地规模是否符合有关规定和控制要求，补充耕地方案是否可行等负责，对土地、矿产资源开发利用是否合理负责。

4）城市规划主管部门

对项目是否符合城市规划要求、选址是否合理等负责。

5）有关行业主管部门

对项目是否符合国家法律法规、行业发展建设规划及行业管理的有关规定负责。

6）其他有关主管部门

对项目是否符合国家法律法规和国务院的有关规定负责。

7）金融机构

按照国家有关规定对申请贷款的项目独立审贷，对贷款风险负责。

8）咨询机构

对咨询评估结论负责。

9）项目（法人）单位

对项目的申报程序是否符合有关规定、申报材料是否真实、是否按照经审批或核准的建设内容进行建设负责，并承担投资项目的资金来源、技术方案、市场前景、经济效益等方面的风险。

5.可行性研究报告的基本格式

比较规范和专业的可行性研究报告包括十四章,如项目总论、项目背景及必要性、产品方案、市场与竞争、建设条件与厂址选择、技术设备和工程方案、环境保护措施、项目节能措施、安全生产与消防措施等,其具体目录如下所示。

微课:v2-3
可行性研究报告格式要求

可行性研究报告的结构及其目录

第一章 项目总论

总论作为可行性研究报告的首章,要综合叙述研究报告中各章节的主要问题和研究结论,并对项目的可行与否提出最终建议,为可行性研究的审批提供方便。

1.1 项目概述

1.2 投资的必要性

1.3 项目实施计划

1.4 总投资估算

1.5 经济效益分析

1.6 社会效益分析

1.7 可行性研究结论

第二章 项目背景及必要性

这一章主要说明项目的发起过程、提出的理由、前期工作的发展过程、投资者的意向、投资的必要性等可行性研究的工作基础。为此,需要对项目的提出背景进行系统叙述,说明项目提出的背景、投资理由、在可行性研究前已经进行的工作情况及其成果、重要问题的决策和决策过程等情况。

2.1 项目承办单位介绍

2.2 项目发起人和发起缘由

2.3 项目提出的背景

2.4 投资的必要性

第三章 产品方案

这一章主要列出产品名称,并介绍产品规格标准,产品的性能特点及其主要用途。同时还要说明产品年产量、生产方案、目标客户群体及销售方案,包括建立销售机构、销售网点、培训销售人员、产品广告宣传、咨询及售后维修服务等。

3.1 产品介绍

3.2 产品特点及优势

3.3 产品生产与销售方案

3.4 目标客户群体分析

3.5 市场营销方式

第四章 市场与竞争

市场与竞争分析在可行性研究中的重要地位在于,任何一个项目,其生产规模的确定、技术的选择、投资估算甚至厂址的选择,都必须在对市场需求情况有了充分了解之后才能解决,而且市场分析的结果,还可以决定产品的价格、销售收入,最终影响项目的盈利性和可行性。在可行性研究报告中,要详细阐述市场需求预测,并确定建设规模。

4.1 产业发展现状分析

4.2 产业发展趋势分析

4.3 产业发展前景分析

4.4 产业市场竞争分析

第五章　建设条件与厂址选择

根据前面章节中关于产品方案与市场分析的论证和建议,在这一章中按建议的产品方案和规模来研究资源、原料、燃料、动力等的需求和供应的可靠性;并对可供选择的厂址做进一步技术与经济比较,确定新厂址方案。

5.1 项目选址

5.2 场地周边环境分析

5.3 建设条件分析

5.4 总体建设规模

第六章　技术设备和工程方案

技术方案是可行性研究的重要组成部分。主要研究项目应采用的生产方法、工艺和工艺流程、重要设备及其相应的总平面布置、主要车间组成及建筑物结构形式等技术方案。并在此基础上,估算土建工程量和其他工程量。在这一章中,除文字叙述外,还应将一些重要数据和指标列表说明,并绘制总平面布置图、工艺流程示意图等。

6.1 生产技术方案

6.2 产品定价方案

6.3 原辅料供应方案

6.4 设备购置方案

6.5 总平面布置方案

6.6 土建工程方案

6.7 公用工程配套方案

第七章　环境保护措施

在项目建设中,必须贯彻执行国家有关环境保护方面的法规法律,对项目可能对环境造成的近期和远期影响,都要在可行性研究阶段进行分析,提出防治措施,并对其进行评价,推荐技术可行、经济、布局合理、对环境的有害影响较小的最佳方案。

7.1 主要污染源与污染物

7.2 环境综合治理方案

7.3 环境影响分析结论

第八章　项目节能措施

在项目建设中,应分析建设项目的建筑、设备、工艺的能耗水平和其生产的用能产品的效率或能耗指标。单位建筑面积能耗指标、工艺和设备的合理用能、主要产品能源单耗指标要以国内先进能耗水平或参照国际先进能耗水平作为设计依据。工程项目应符合建设标准、技术标准和相关政策中的节能要求。

8.1 节能概述

8.2 节能措施

8.3 节能效果分析结论

第九章　安全生产与消防措施

建设项目必须确保投产后符合职业安全卫生要求,保障劳动者在劳动过程中的安全与健康。在可行性研究报告中,应根据国家有关规定进行分析和评价。

9.1 设计依据

9.2 职业安全卫生设施

9.3 劳动安全卫生管理

9.4 项目消防设计与措施

第十章　组织机构及定员

在可行性研究报告中,根据项目规模、项目组成和工艺流程,提出相应的企业组织机构、劳动定员总数及劳动力来源及相应的人员培训计划。

10.1 企业管理机构

10.2 企业组织劳保定员

10.3 企业文化建设

第十一章　项目进度安排

项目实施时期的进度安排也是可行性研究报告的一个重要组成部分。所谓项目实施时期可称为投资时期,是指从正式确定建设项目到项目达到正常生产这段时间,这一时期包括项目实施准备、资金筹集安排、勘察设计和设备订货、施工准备、施工和生产准备、试运转直到竣工验收和交付使用等各个工作阶段。这些阶段的各项投资活动和各个工作环节,有些是相互影响,前后紧密衔接的;也有些是同时开展、相互交叉进行的。因此,在可行性研究阶段,需要将项目实施时期各个阶段的各个工作环节进行统一规划、综合平衡,做出合理而又切实可行的安排。

11.1 项目工程量

11.2 实施进度安排

11.3 项目建设与运行管理

第十二章　投资估算及资金筹措

建设项目的投资估算和资金筹措分析,是项目可行性研究内容的重要组成部分,要计算项目所需要的投资总额,分析投资的筹措方式,并制定用款计划。

12.1 编制依据

12.2 投资估算及构成

12.3 资金筹措

第十三章　经济效益分析

在建设项目的技术路线确定以后,必须对不同的方案进行财务、经济效益评价,判断项目在经济上是否可行,并推荐出优秀的建设方案。本部分的评价结论是建设方案取舍的主要依据之一,也是对建设项目进行投资决策的重要依据。

13.1 经济效益估算

13.2 项目产值预测

13.3 项目成本预测

13.4 项目税收预测

13.5 项目利润预测

13.6 项目现金流分析

13.7 财务分析

13.8 不确定性分析

第十四章　项目评价及结论

根据前面各部分的研究分析结果,对项目在技术上、经济上进行全面的评价,对建设方案进行总结,提出结论性意见和建议。

14.1 项目评价

14.2 结论

附件

可行性研究报告附件,凡属于项目可行性研究范围,但在研究报告以外单独成册的文件,均需列为可行性研究报告的附件,所列附件应注明名称、日期、编号。

6.物联网工程项目可行性研究报告编制常见问题

(1)如果是外资企业、外商再投资企业或者要在境外投资,应到发改委核准,则需要的是项目申请报告,不是可行性研究报告。

(2)如果是内资企业和物联网工程项目被纳入《政府核准的投资项目》,则需要的也是项目申请报告,不是可行性研究报告。

(3)项目申请报告和可行性研究报告编制大纲不同,对节能、环评(环境影响评价的简称)等的办事流程要求也不同。

(4)物联网工程项目可行性研究报告是物联网工程项目在发改委备案、申请专项资金或者申请国内银行贷款时需要的。

(5)如果要先申请土地或者需要给领导看,同意立项后才正式申报项目,则需要的其实是立项建议书,不需要可行性研究报告。这个立项建议书价格不高。

(6)物联网工程项目可行性研究报告按照规定必须加盖发改委认可的工程咨询资质章,资质分为甲、乙、丙级,根据项目所属行业性质、投资额确定,省级以上一般要求甲级资质。

(7)如果项目不大,可以用立项建议书、预可行性研究报告(简版可研)或者填备案表就可以代替可行性研究报告。

(8)如果物联网工程项目可行性研究报告需要编制节能报告或环评报告,则需要的是专业的物联网工程项目可行性研究报告,一般 1 万元以下的物联网工程项目可行性研究报告不能满足该要求。

(9)如果物联网工程项目可行性研究报告需要评审,还需要做 PPT,用于评审汇报。

(10)配合节能、环评甚至评审的可行性研究报告不是一个人能编制的,至少需要一周时间,报告价格不会低于 2 万元,设计院编制则要数万元甚至几十万元。

(11)如果物联网工程项目可行性研究报告要申请设备免税、申请资金、贷款或者被列为地方重大项目,可行性研究报告必须盖章,最好企业拥有甲级资质。

2.3.3　项目论证与评估

1.项目论证

项目论证是确定项目是否实施的依据;是筹措资金、向银行贷款的依据;是编制计划、设计、采购、施工及机构设备、资源配置的依据。项目论证是防范风险、提高项目效率的重要保证。项目论证可以贯穿于可行性研究的整个阶段(此时项目论证可以认为是项目可行性研究的一部分),也可以在可行性研究完成之后才开始执行。

项目论证的对象可以是未完成或未选定的方案,其着重于听取各方专家意见,分为内部论证和外部论证。内部论证的执行主体为项目承建单位内部没有参加过项目可行性研究的市场专家、财务专家、技术专家,必要时可邀请客户代表或单位外专家参加论证。外部论证的执行主体为项目投资者或其委托的第三方权威机构。

项目论证一般有以下 7 个主要步骤:

(1)明确项目范围和业主目标;

(2)收集并分析相关资料;

(3)拟定多种可行的能够相互替代的实施方案;

(4)多方案分析、比较;

(5)选择最优方案,并进一步对其进行详细全面的论证;

(6)编制项目论证报告、环境影响报告书和采购方式审批报告;

(7)编制资金筹措计划和项目实施进度计划。

2. 项目评估

项目评估是指在项目可行性研究的基础上,由第三方(国家、银行或有关机构)根据国家颁布的政策、法规、方法、参数和条例等,从项目(或企业)、国民经济、社会角度出发,对拟建项目建设的必要性、建设条件、生产条件、产品市场需求、工程技术、经济效益和社会效益等进行评价、分析和论证,进而判断其是否可行的一个评估过程。

项目评估的依据是:项目建议书及其批准文件、项目可行性研究报告、报送单位的申请报告及主管部门的初审意见、配件、燃料、水、电、交通、通信、资金(包括外汇)等方面的协议文件和资料。

项目评估工作一般可按以下程序进行:成立评估小组,进行分工,制订评估工作计划,开展调查研究,收集数据资料,对可行性研究报告和相关资料进行审查和分析,编写评估报告,讨论、修改报告,开展专家论证会,评估报告定稿。

项目评估的内容如下:

(1)项目与企业概况评估;

(2)项目建设的必要性评估;

(3)项目建设规模评估;

(4)资源、配件、燃料及公用设施条件评估;

(5)网络物理布局条件和方案评估;

(6)技术和设备方案评估;

(7)信息安全评估;

(8)安装工程标准评估;

(9)实施进度评估;

(10)项目组织、劳动定员和人员培训计划评估;

(11)投资估算和资金筹措;

(12)项目的财务效益评估;

(13)社会效益评估;

(14)项目风险评估。

2.4 任务书

　　大型物联网工程项目在立项阶段要进行可行性研究报告撰写,从经济、技术、生产、供销直到社会环境、法律等各种因素进行具体调查、研究、分析,确定有利和不利的因素、项目是否可行,估计成功率大小、经济效益和社会效益,送主管机关审批,审批通过方可开展项目。

　　一般来说总投资 1000 万元及以上的政府投资项目(各省不太一样);有融资、对外招商合作需求的项目;需银行贷款的项目;要申请进口设备免税的项目;属境外投资项目核准的,都要编写可行性研究报告。

　　各类可行性研究报告内容侧重点差异较大,但一般应包括以下内容:①投资必要性;②技术的可行性;③财务可行性;④组织可行性;⑤经济可行性。

　　那么什么是可行性研究报告,如何撰写可行性研究报告,本次任务将为学生解决这个疑问。本次任务将通过《某物联网工程项目可行性研究报告》为例,通过真实的项目案例为学生演示。学生分为 5～6 人为一个小组完成本模块所规定的内容。

2.5 任务分组

　　任务分组如表 2-4 所示。

表 2-4　任务分组表

班级		组别		指导老师	
———组 员 列 表———					
姓名	学号	任 务 分 工			

2.6　工作准备

学生按照各自划分的小组进行公司团队组建,要求有项目负责人、注册咨询工程师、财务测算人员、市场营销人员、技术专家,收集可行性研究报告的所需的材料,以物联网智慧交通的可行性研究报告为例(其他自选项目亦可),完成可行性研究报告各个模块的编写,参考内容为工作计划与实施章节。

材料准备如下。

(1)项目初步设想方案:总投资、产品及介绍、产量、预计销售价格、直接成本及清单(含主要材料规格、来源及价格)。

(2)技术及来源、设计专利标准、工艺描述、工艺流程图,对生产环境有特殊要求的请说明(如防尘、减震、有辐射、需要降噪、有污染等)。

(3)项目厂区情况:厂区位置、建筑面积、厂区平面布置图、购置价格、当地土地价格。

(4)企业近三年设计报告(包含财务指标、账款应收预付等周转次数、在产品、产成品、原材料、动力、现金等的周转次数)。

(5)项目拟新增的人数规模,拟设置的部门和工资水平,估计项目工资总额(含福利费)。

(6)提供公司近三年营业费、管理费等扣除工资后的大致数值及占收入的比例。

(7)公司享受的增值税、所得税税率、其他补贴及优惠事项。

(8)项目产品价格及原料价格按照不含税价格测算,如果均能明确含税价格请逐项列明各种原料的进项税率和各类产品的销项税率。

(9)项目设备选型表(设备名称及型号、来源、价格,进口的请注明,备案项目耗电指标等可不做单独测算,工艺环节中需要外部协助的请标明)。

(10)其他资料及信息根据可行性研究工作需要随时沟通。

2.7　引导问题

可行性研究报告的编制要点如下。

1.设计方案

可行性研究报告的主要任务是对预先设计的方案进行论证,所以必须设计研究方案,才能明确研究对象。

2.内容真实

可行性研究报告涉及的内容及反映情况的数据,必须绝对真实可靠,不允许有任何偏差及失误。其中所运用的资料、数据,都要经过反复核实,以确保内容的真实性。

3.预测准确

可行性研究报告是投资决策前的活动。它是在事件没有发生之前的研究,是对事务未来发展的情况、可能遇到的问题和结果的估计,具有预测性。因此,必须深入调查研究,充分收集资料,运用切合实际的预测方法,科学地预测未来前景。

4.论证严密

论证性是可行性研究报告的一个显著特点。要使其有论证性,项目可行性研究报告必须做到运用系统的分析方法,围绕影响项目的各种因素进行全面、系统的分析,既要做宏观的分析,又要做微观的分析。根据可行性研究报告的项目投资规模及审核方的要求,立项方必须在最终成文的可行性研究报告当中体现某种等级的咨询资质。

2.8 工作计划与实施

××市智慧交通建设项目可行性研究报告如下。

××市智慧交通建设项目
可行性研究报告

设 计 编 号:××××

建 设 单 位:××公司

××咨询规划设计院

××年××月××日

目　录

（受章节篇幅限制，略去子目录）

××市智慧交通建设项目可行性研究报告正文节选
（学生完成空格部分）

第一章　项目概述

1.1　项目名称

项目名称：××市智慧交通建设项目可行性研究报告。

1.2　项目建设单位及负责人

项目建设单位：××公司。

负责人：××。

1.3　可行性研究报告编制单位

可行性研究报告编制单位：××咨询规划设计院。

资质：××××××。

证书编号：×××××××××。

1.4　可行性研究报告编制依据

1.4.1　相关指导政策

补充相关指导政策，至少5条。

(1)《中华人民共和国国民经济和社会发展第十四个五年规划和 2035 年远景目标纲要》。

(2)《中华人民共和国反恐怖主义法》。

(3)中共中央办公厅、国务院办公厅印发的《关于加强社会治安防控体系建设的意见》(中办发[2014]69 号)。

(4)《关于加强公共安全视频监控建设联网应用工作的若干意见》(发改高技[2015]996 号)。

(5)_____

(6)_____

(7)_____

(8)_____

(9)_____

……

(15)国家、公安部、××省、××市其他相关规定、办法和制度要求。

1.4.2　技术标准规范

补充相关的技术标准规范,至少 10 条。

(1)《公共安全视频监控联网系统信息传输、交换、控制技术要求》(GB/T 28181—2016)。

(2)《城市监控报警联网系统系列标准》。

(3)《全国公安机关视频图像信息整合与共享工作任务书》(公科信[2012]11 号)。

(4)《全国公安机关图像信息联网总体技术方案》(公科信[2012]73 号)。

(5)《中华人民共和国计算机信息系统安全保护条例》(国务院令 147 号)。

(6)_____

(7)_____

(8)_____

(9)_____

(10)_____

(11)_____

(12)_____

(13)_____

(14)_____

(15)_____

……

(50)《数据中心设计规范》(GB 50174—2017)。

1.5　建设意义、目标、任务、建设期

1.5.1　建设意义

推进智慧交通建设是政府的重要决策,从统筹安全和发展角度出发,突出风险防控、服务发展、破解难题、补齐短板,促进立体化社会治安防控,为深化平安中国和智慧城市建设奠定基础。××市启动智慧交通建设势在必行,主要体现在以下几个方面。

从政策导向、社会效益方面描述××市智慧交通项目建设的意义。

_____

_____

_____

_____

_____

_____

_____

_____

1.5.2　建设目标

从实际效果方面描述建设的目标,不用具体到建设××系统或建设多少基础设施。

为解决"信息孤岛"问题,实现数据融合、信息共享,进一步提升公安交管的科技应用水平,对已建各基础应用系统的软硬件和数据进行融合,打破各基础应用系统界限,完成信息规范、实现数据接入、数据过滤、数据融合、数据挖掘、仿真模型等技术手段,对交通信息进行处理、分析和预测,提供面向政府的交通综合管理决策支持服务,以及面向公众、企业、个人的交通综合信息服务的整体解决方案。充分利用大数据技术、云计算技术、互联网＋技术、人工智能技术结合城市交管业务,实现智能交通到智慧交管的跨越。

1.5.2.1　提升交通信号控制能力

内容略。

1.5.2.2　构建完善的信息传输网络

内容略。

1.5.2.3　建设统一的交通资源中心

内容略。

1.5.2.4　扩大交通系统管控范围

内容略。

1.5.2.5　加强各系统的协同控制

内容略。

1.5.2.6　提高信息化整体应用水平

内容略。

1.5.2.7　应用交通大数据研判分析

内容略。

1.5.2.8　提升指挥中心综合指挥能力

内容略。

1.5.3　建设任务

××市智慧交通建设项目主要建设内容:综合管控感知系统建设、网络建设、前端建设、应用系统建设、运维系统建设和安全保障体系建设。

1.5.3.1　综合管控感知系统建设

(1)智慧交通建设是实现智能交通的基础,是对交通视频监控系统、电子警察检测系统、智能卡口系统、行人闯红灯自动预警、智能违停抓拍、机动车不礼让行人、路口滞留、违法使用远光灯、鸣笛检测系统的建设,构建城市交通感知网络建设,完善设施布局,提高道路交通管理水平。

(2)通过建设交通智能监控业务平台,建立本地驾驶证照片信息库和卡口违章抓拍人像数据库等海量人像信息基础数据库。并充分利用已建前端系统数据,通过车辆两次识别技术,深度挖掘过车数据、警务数据价值,对套牌、肇事逃逸、逾期未年检、多次违法未处理等重点交通违法行为进行重点管控,实现道路交通安全有效管控。

(3)通过建设公路智能卡口系统及人脸识别系统,实现与智慧交通业务系统的对接,提供人像采集、识别报警、后台比对、数据分析等全流程应用,实现对重点失驾人员监控管理。

(4)建设交通数据态势分析系统,快速利用现有资源,实现对路网整体运行状况的实时、定量评价,有效实现交通预测,提高交通运行效率,从而提供有效的环境监测方式。

(5)建设交通大数据可视化系统,通过海量数据的深度加工、多维度的数据挖掘、丰富的数据,及时掌握整个系统运营的各项数据,为今后系统的建设、规划提供决策分析。

(6)建设云数据库业务系统,支撑海量数据查询、分析、多维碰撞等业务,最大限度地满足对数据不断增长的查询和分析挖掘需求。

(7)随着安防监控系统网络化和高清化的变化,尤其是平安城市、基于物联网的智慧城市的建设及各个行业应用的深度挖掘,建设视频云存储系统以解决海量级的城市规模和跨地域的监控系统在存储的容量、扩展性、稳定性、可靠性、管理型等方面问题。

1.5.3.2　网络建设

根据实际项目描述网络建设,以下为××项目网络建设描述。

本次××项目网络建设分为骨干网和接入网两部分。

骨干网:为前端视频数据的汇聚存储及调取查看提供传输通道;在同级层面上与政务外网和公安视频专网对接;在市级层面上完成与省级平台的对接。

接入网:满足××路视频监控、××家重点单位及社会面资源接入,每路带宽以十兆线路为主,采用租用运营商网络或者自建方式进行建设。

1.5.3.3　前端建设

根据项目实际建设需求填写具体建设内容,如建设监控系统、电警系统、卡口系统、大货车闯红灯系统、行人闯红灯系统、不礼让行人系统、违法使用远光灯系统、鸣笛检测系统、违停抓拍系统等,参考规划文档内容。

1.5.3.4 应用系统建设

内容略。

1.5.3.5 运维系统建设

内容略。

1.5.3.6 安全保障体系建设

内容略。

1.5.4 建设周期

本项目建设周期为项目获得批复后××年。

1.6 总投资及资金来源

本项目建设期内建设投资工程费××万元,工程其他费用××万元,预备费××万元,系统集成费××万元,投资估算共计××万元,本项目所用资金来源为××项目。另外,本项目购买服务费××万元/年。

1.7 效益及风险

内容略。

1.8 主要结论与建议

本项目的建设是为了贯彻落实中央、国务院、××省及××市关于公共安全监控建设联网应用相关文件的要求,是推进××省全省公共安全监控建设联网应用的重点工程,是进一步促进××市立体化社会治安安全防控体系建设的有力支撑,是创新社会治理模式,提高社会治理现代化水平的新模式,对保障人民安居乐业,维护××市公共安全和社会安定有序有重要意义,具有很强的紧迫性、必要性和可行性,社会效益、经济效益明显。

通过对项目进行社会效益分析、经济效益分析及技术分析,本项目的机制健全,功能设计合理,技术安全可靠,信息来源广泛全面,安全保障措施完善,运行维护条件完备,建设基础良好,项目具备可行性。

第二章 项目建设单位概况

2.1 项目建设单位与职能

根据项目实际信息填写以下信息。

本项目建设单位为××市××公司,下设办公室。

主　任:＿＿＿＿＿＿＿＿＿＿＿＿＿＿＿＿＿＿＿＿＿

副主任:＿＿＿＿＿＿＿＿＿＿＿＿＿＿＿＿＿＿＿＿＿

成　员:＿＿＿＿＿＿＿＿＿＿＿＿＿＿＿＿＿＿＿＿＿

办公室职责任务:负责全市××工程建设日常工作。

领导小组办公室下设综合组、建设指导组、专家委员会和智慧交通联合试验室,其人员组成和职责任务:＿＿＿＿＿＿＿＿＿＿＿＿＿＿＿＿＿＿＿＿＿

2.1.1 综合组

组　长：_____

副组长：_____

成　员：_____

综合组职责任务：传达贯彻中央、省、市委关于××工程建设的部署要求及市××工程建设领导小组的安排部署，研究制定××工程建设相关文件和阶段性工作计划；全面掌握各县区各部门开展××工程建设工作情况，组织筹备召开××工程建设相关工作会议；调查研究××工程建设中存在的重大问题，向领导小组及办公室提出对策建议；将各县区各部门开展××工程建设情况纳入综合治理平安建设检查考核，加强日常监督检查。

2.1.2 建设指导组

组　长：_____

副组长：_____

成　员：_____

建设指导组职责任务：围绕全市××工程建设研究制定规划方案，明确"云、管、端、用"建设技术方案、建设标准、实施路径，加强对各县区各部门××工程建设的技术指导及规划方案的审核把关；负责项目立项相关工作；组织各方力量研究推动解决××工程建设过程中遇到的技术难题；推动建立跨地区、跨部门、跨行业的共享应用机制及安全使用审核制度，严格信息使用及特殊领域安全准入等措施，提高视频图像综合应用和安全管理水平；推动云计算、大数据、人脸识别、视频解析等现代技术在××工程建设中的集成应用，提高××工程建设智能化水平。

2.1.3 专家委员会

内容略。

2.1.4 智慧交通联合试验室

内容略。

2.2 项目领导与管理机构

2.2.1 组织保障

填写项目组织架构，主要包含甲方分管领导、具体执行人及其他有关部门协作人员等。

_____

_____

_____

_____

_____

_____

_____

_____

_____

_____

2.2.2 资金保障

根据"政府主导、政企共建、市场化运作、政府购买服务"的建设思路，××工程建设由专业公司负责建设和运行维护，所需资金由××财政分级负责。

2.2.3 安全运维

建立健全监控安全体系，建立面向各级平台、各用户的安全使用审核机制和监督考核机制，加强安全认证和权限管理，规范视频图像信息查看、调取、发布的权限和程序，构建一体化的安全运维管理系统。严格执行安全准入制度，选用安全可控的产品设备和符合要求的专业服务队伍。

第三章　需求分析与项目建设的必要性

3.1　项目建设现状及存在问题分析

3.1.1　政务职能相关的社会问题和政务目标分析

结合项目实际情况，根据当地或省内建设规范等官方文件进行编写。

_____

_____

_____

_____

_____

_____

_____

_____

_____

3.1.2　××市智慧交通系统建设应用现状

依据城市实际情况填写，参考政府网站等。

3.1.2.1　基础设施现状

内容略。

3.1.2.2　数据资源现状

内容略。

3.1.2.3　业务运行现状

内容略。

已完成××交通集成指挥平台的部署工作。城市道路、高速公路道路卡口、测速系统的部署，极大增强了道路安全防控水平，有效提高道路管控能力。

3.1.2.4　管理机制现状

内容略。

3.1.3　存在的问题分析

结合实际问题进行分析，如前端覆盖能力较弱、设备智能程度偏低、交通资源整合不够、数据分析应用较少等。

3.1.4 机遇和优势

内容略。

3.2 业务功能分析

内容略。

3.3 信息量分析与预测

内容略。

3.4 系统功能和性能需求分析

通过建设"一个平台、两大中心、六大类应用",我们搭建起交通大数据平台,依托数据、网络、业务工作流,建设以交管情指勤督一体化的管理中心和交通安全中心,来开展交通状态监测、交通组织管控等6大项业务,成为公安交管在"保安全""促畅通""提效率"3个重要工作要求下的引擎。整合交通资源,缓解城市拥堵,改善出行体验,保障城市路网交通安全、有序、畅通,提高交通管理科技化水平,减少城市交通环境污染。交通大数据平台结构图如图2-3所示。

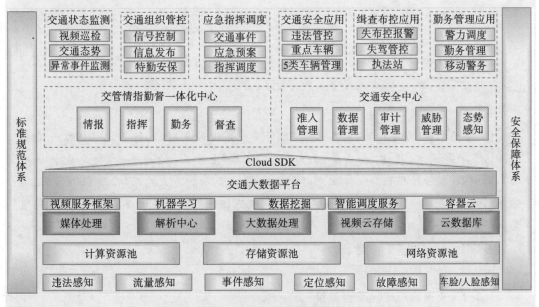

图2-3 交通大数据平台结构图

3.4.1 智慧交通综合管控感知需求分析

内容略。

3.4.2 智慧交通大数据平台需求分析

内容略。

3.4.3 智慧交通情勤督一体化中心需求分析

内容略。

3.4.4 智慧交通数据安全运维管理中心需求分析

内容略。

3.4.5 智慧交通数据应用管理体系需求分析

内容略。

3.5 项目建设的必要性

可以从交通管理决策科学化、城市道路交通秩序化、交通信息服务全面化、综合指挥能力精准化等方面进行编写。

_____

_____

_____

_____

_____

_____

_____

_____

_____

第四章 总体建设方案

4.1 总体设计方案

篇幅限制,方案设计只显示目录。

4.1.1 系统整体架构

以"全面感知,精准计算,勤务落地"为顶层规划设计原则,在标准规范体系及安全保障体系的规范下,构建"全感知、全智能、全计算、全生态"的一平台(交通大数据平台),两中心(交管情指勤督一体化中心和交通安全中心)和6大应用(交通状态监测、交通组织管控、应急指挥调度、交通安全应用、缉查布控应用及勤务管理应用)的智慧交通整体解决方案。

4.1.2 数据资源中心建设

内容略。

4.1.3 交通集成管控平台建设

内容略。

4.1.4　完善智能设施

内容略。

4.1.5　完善交通监控系统

内容略。

4.1.6　电子警察系统补点建设

内容略。

4.1.7　智能卡口系统建设

内容略。

4.1.8　行人闯红灯自动警示系统建设

内容略。

4.1.9　智能违停抓拍系统建设

内容略。

4.1.10　可视化交通信号控制系统

内容略。

4.1.11　交通流量检测系统建设

内容略。

4.1.12　交通事件检测系统建设

内容略。

4.1.13　AR 立体指挥系统建设

内容略。

4.1.14　交通诱导系统建设

内容略。

4.1.15　交通态势研判系统建设

内容略。

4.1.16　车辆大数据研判系统构建

内容略。

4.1.17　大数据可视化系统建设

内容略。

4.1.18　新建交通设施运维系统

内容略。

4.1.19　信号系统优化

内容略。

4.2　系统逻辑架构

对逻辑架构进行简要描述。

本项目逻辑架构由感知层"端"、网络层"管"、平台层"云"、应用层"用",以及安全体系及运维体系组成。系统逻辑架构图如图 2-4 所示。

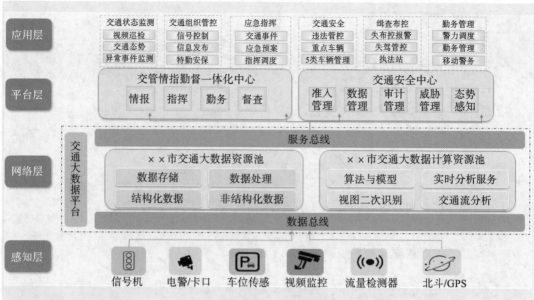

图 2-4   系统逻辑架构图

第五章   本期项目建设方案

由于建设方案篇幅长，专业化高，本章节学习仅列举目录，了解即可。工作当中可参考公司已有的建设方案。

5.1   建设目标

内容略。

5.2   建设标准规范

内容略。

5.3   交通大数据平台体系

内容略。

5.4   智慧交通情指勤督一体化中心建设

内容略。

5.5   智能交通安全与运维中心

内容略。

5.6   前端感知系统建设

内容略。

5.7   业务应用系统建设

内容略。

第六章   项目招标方案

6.1   招标范围

××市××工程项目建设内容包含数据资源中心、交通集成管控平台、智能设施、交通监控系统、电子警察系统、智能卡口系统、行人闯红灯自动警示系统、智能违停抓拍系统、可视化交通信号控制系统、交通流量检测系统、交通事件检测系统、AR 立体指挥系统、交通诱导系统、交通态势研判系统、车辆大数据研判系统、大数据可视化系统、交通设置运维系统、信号系统等,均在政府采购之列,应严格按照《中华人民共和国政府采购法》和《中华人民共和国招标投标法》实施采购。

6.2　招标依据

为实现项目的规范化、标准化和制度化管理,提高工程项目建设的水平和质量,增强项目资金的使用效率,本项目将根据《中华人民共和国政府采购法》(简称《政府采购法》)和《中华人民共和国招标投标法》,以及××省、××市关于工程项目建设招投标的有关规定,组织实施项目中设备及服务等的采购。

6.3　招标方案

招标方式包含公开招标、竞争性谈判、单一来源采购、询价等。

本项目按照国家及省市相关招标项目的规定,采用自行招标的组织形式、公开招标的方式进行招标。

概括描述招标标段及每个标段招标范围。

招标内容主要包括两部分,一是总集成的招标;二是需要政府购买服务的内容。总集成负责项目的详细设计、标准规范制定、应用开发、软硬件集成、安全系统、用户培训、整体运维等。需要政府购买服务的内容主要包括视频云资源、网络资源、××个人脸识别点位建设、××家重点单位社会资源接入等。

详细说明每个标段建设内容、招标范围、组织形式、招标方式。本项目招投标对应说明详细表如表 2-5 所示。

表 2-5　本项目招投标对应说明详细表

项目	建设内容	招标范围		招标组织形式		招标方式	
		全部招标	部分招标	自行招标	委托招标	公开招标	邀请招标
总集成	详细设计、标准规范制定、集成、应用开发、用户培训、整体运维等	√		√		√	
政府购买服务	视频云资源、网络系统、××个人脸识别点位建设、××家重点单位社会资源接入	√		√		√	

根据项目实际信息编制以下内容。

本项目主体工程为软硬件设备和服务的采购,采购招标工作一般采用固定合同总价的方式,由各投标人在相关计费文件规定的范围内自主报价,评标办法采用综合评分评估法。具体招标流程事项如下。

(1)收集资料及前期备案工作,同时制定发包方案、招标公告、资格预审文件、拟定招标文件(1 个工作日);

(2)招标公告发布、网上及现场接收投标报名(5 个工作日);

(3)资格预审及提交资格预审报告(2 个工作日);

(4)发招标文件及受理招标答疑(5 个工作日);

(5)货物供应单位编制投标文件(15个工作日);

(6)组建评标委员会、开标、评标、编写评标报告(1个工作日);

(7)中标公示(3个工作日);

(8)提交招投标情况书面报告及发放中标通知书。

第七章　环保、消防、职业安全和卫生

根据项目在建设运行过程中对环境产生的实际影响填写以下内容。

7.1　环境影响分析

本项目在建设运行过程中不产生有害的废气、废水、废渣等物质。

本项目在建设运行过程中影响环境的因素主要有以下几个方面。

(1)空气污染因素及其影响分析。

(2)水污染因素及其影响分析。

(3)固体废弃物污染及其影响分析。

(4)噪声污染因素及其影响分析。

环境影响综合评价

通过采取一系列治理措施,本项目对周围环境的影响较小,各类污染物排放均符合排放标准,从环境影响的角度分析本项目的建设是可行的。

7.2　环保措施及方案

7.3　消防措施

7.4　职业安全和卫生措施

_____

_____

_____

_____

_____

_____

_____

_____

第八章　节能分析

根据项目实际情况填写以下内容。

8.1　用能标准及节能设计规范

_____

_____

_____

_____

_____

_____

_____

_____

8.2　项目能源消耗种类和数量分析

_____

_____

_____

_____

_____

_____

_____

8.3　项目所在地能源供应状况分析

_____

8.4 能耗指标

8.5 节能措施和节能效果分析

第九章 项目组织机构和人员培训

根据项目实际情况填写以下内容。

9.1 领导和管理机构

××市××工程建设成立了专门项目领导小组办公室,加强全市××工程的统筹协调、指导督导,推动解决全市××工程建设工作中存在的重大问题。

9.2 项目实施机构

项目实施单位主要由市委政法委、市经信委、市公安局、市财政局和市政府信息中心等业主单位、承建单位和监理单位共同组成。

项目实施机构职责:具体负责本项目的实施过程中的协调、安装、调试、试运行、验收等工作,保证项目按时高质量地交付使用。

9.3　运行维护机构

根据实际项目运维计划,一般由项目中标单位提供1～3年甚至更久的运维保障服务。

项目建成后,由智慧城市领导小组和××工程建设领导小组××通过政府购买服务等方式,聘请专业的运维管理厂商实施本项目运维工作。建立覆盖"云""管""端""用"等环节,市县两级分级负责、多方参与、市场运作的运维管理保障体系。

9.4　技术力量和人员培训

通过政府购买服务等方式,建设专业化的运维队伍,提供涉及系统操作、系统管理、系统维护等相关专业知识培训。

为保证项目建设质量,更好地满足系统应用的需要,特制定以下培训方案。

从培训计划、培训内容、培训主要方式等方面进行编写。

_____

_____

_____

_____

_____

_____

_____

_____

第十章　项目实施进度

10.1　项目建设期

××市××工程建设周期为××个月,自立项批复起××个月内完成项目建设和通过验收工作。

10.2　实施进度计划

根据××市××工程建设项目特点,拟对本期工程建设阶段划分为5个阶段。

(1)2018年9月底前完成可行性研究及项目立项工作。

(2)2018年10月15日前完成方案设计工作。

(3)2019年4月底前完成招投标工作,确定承建单位。

(4)2019年11月底前完成市本级全部建设工作,其包括标准规范建设市级一总两分平台建设、应用开发、××个人脸识别点位建设、××家单位社会资源接入、综合治理中心建设、软硬件集成、测试、用户培训等工作。

12月底前完成项目初验(初级验收),开始试运行。

(5)2020年1月底前完成区县建设工作,其包括区县级一总两分平台建设、应用部署、前端点位建设、社会资源接入、综合治理中心建设、软硬件集成、测试、用户培训等工作,实现与市级平台对接。

2020年2月底完成区县级项目初验,开始试运行。

(6)2020年3月底前完成整体项目终验(竣工验收)工作。

第十一章　投资估算和资金来源

11.1　投资估算的有关说明

本项目可行性研究报告根据系统建设要求,软硬件选型要满足业务需求,以保证系统运行安全、可靠为基础,采用系统先进、技术成熟、系统可扩展性强、操作使用简单、易管理维护的产品,在同等性能价格比条件下应优先采用国产软硬件系统产品。

11.1.1　总体依据

(1)设备性能功能要求。

(2)有关设备厂商的公开报价及最近类似工程的合同成交价。

(3)通信工程建设的有关费率标准。

(4)以往工程项目案例。

11.1.2　详细说明

(1)本工程投资估算只包含市级工程的费用,县区级各类投资由县区级财政负责,不包含在本工程投资估算中。

(2)本投资估算费按现有市场价估算,后期可以通过集中采购方式降低整体投资。

(3)将公共安全监控建设等工作进行打包,在全市统一组织进行购买服务的招标,各县区各部门××工程建设中需要以购买服务的形式进行的建设,应按照全市统一招标的结果执行。

(4)工程建设其他费用主要内容及计取标准如下。

➤招标代理费:由政府采购中心招标,不计取。

➤项目建设管理费:参考财建[2016]504号文,在此基础上按6折计取。

➤可研、勘察设计费:按照中标价计取。

➤监理费:参考发改价格[2007]670号文,在此基础上按8折计取。

➤安全生产费:按照建筑安装工程费1.5%计取。

➤基本预备费:按照工程费及其他费用的2%计取。

11.2　项目总投资估算

11.2.1　政府直接投资

本项目除通用计算资源池(视频交换共享总平台及综治分平台)采用政府购买方式外,均为政府直接投资(具体见附件)。

11.2.2　政府购买服务费

政府购买服务费:通用计算资源池(视频交换共享总平台及综治分平台),初步测算约××万元/年。

11.2.3　工程总承包费用

将××路人脸识别前端建设、联网、运行、维护等工作打包,由全市统一组织进行购买服务的招标,初步测算××万元/年。××家单位社会资源接入市共享总平台的费用,按每年每户××万元通过购买运营商服务的方式解决,初步测算约××万元/年,本次均按照××年计算。

11.2.4　总投资估算

本项目建设期内建设投资工程费××万元,工程其他费用××万元,预备费××万元,系统集成费××万元,投资估算共计××万元,本项目所用资金来源为政府自筹资金。另外,本项目政府购买服务××万元/年。总投资估算详见附件。

11.3　资金来源与落实情况

本项目所用资金来源为政府自筹资金。

第十二章　效益分析

12.1　经济效益分析

内容略。

12.2　社会效益分析

内容略。

第十三章　项目风险与风险管理

根据项目风险点和管理措施填写以下内容。

13.1　风险识别和分析

13.1.1　组织风险

_____

_____

_____

_____

_____

_____

_____

_____

_____

13.1.2　管理风险

_____

_____

_____

_____

_____

_____

_____

13.1.3 业务风险

13.1.4 技术风险

13.1.5 外部风险

13.1.6 系统风险

13.1.7 操作风险

13.2 风险对策和管理

13.2.1 组织风险防范对策

13.2.2 管理风险防范对策

13.2.3　业务风险防范对策

_____

_____

_____

_____

_____

_____

13.2.4　技术风险防范对策

_____

_____

_____

_____

_____

_____

_____

_____

第十四章　项目可行性研究结论

总结项目意义，得出可行性结果。

　　××项目紧扣信息时代发展大势，承接国家相关战略规划举措，符合相关设计规范、规程及标准，立足平安城市建设实际需求。项目建设规模合理、技术方案完善先进、财务指标较为理想，经济与社会效益符合预期，环境影响符合相关政策和要求。项目建设和运营过程风险较小。此外，项目的实施将搭建多元化、个性化、定制化智能硬件和智能化系统，实现信息的整合共享，提升城市民生服务水平及信息化应用能力。有效推动社会治安管理和社会安全防控水平，有力打击违法犯罪，提高警务效能，节约管理成本，提升公共交通品质，切实改善民众出行环境。积极推动平安城市智慧应用服务，构筑全面的智慧服务治理支撑体系，对提升城市的安全性及便捷性、推动城市的发展具有极大的作用。

　　综上所述，项目实施具有可行性。

附件　投资估算表

　　内容略。

2.9　评价反馈

评价反馈表如表 2-6 所示。

表 2-6　评价反馈表

班级：　　　　　姓名：　　　　　学号：　　　　　评价时间：

评价内容	项目		自己评价				同学评价				教师评价			
			A	B	C	D	A	B	C	D	A	B	C	D
	课前准备	信息收集												
		工具准备												
	课中表现	发现问题												
		分析问题												
		解决问题												
	任务完成	方案设计												
		任务实施												
		资料归档												
		知识总结												
	课堂纪律	考勤情况												
		课堂纪律												

学生自我总结：

备注：A 为优秀，B 为良好，C 为一般，D 为不及格。

2.10　相关知识点

请学生将本模块所学到的知识点进行归纳，并写入表 2-7。

表 2-7　相关知识点

2.11　习题巩固

1. 根据《国家电子政务工程建设项目管理暂行办法》，项目设计方案和投资预算、报告的编制内容与项目可行性研究报告批复内容不符合，且变更投资一旦超出已批复总投资额度（　　）的，应重新撰写可行性研究报告。

A. 5％　　　　　　　　　B. 10％　　　　　　　　　C. 15％　　　　　　　　　D. 20％

2. 可行性研究报告主要是通过对项目的主要内容和配套条件，如市场需求、资源供应、建设规模、工艺路线、设备选型、环境影响、资金筹措、盈利能力等，从技术、经济、工程等方面进行调查研究和分析比较，并对项目建成以后可能取得的经济效益及社会效益进行预测，从而提出该项目是否值得投资和如何进行建设的咨询意见，为项目决策提供依据的一种综合性的报告。可行性研究报告的内容上阐述技术可行性、（　　）。

A. 经济可行性、报告可行性　　　　　　　B. 经济可行性、社会可行性
C. 系统可行性、财务可行性　　　　　　　D. 系统可行性、时间可行性

3. 关于项目建议书的描述，不正确的是（　　）。

A. 项目建议书是针对拟建项目提出的总体性设想
B. 项目建议书是项目建设单位向上级主管部门提交的项目申请文件
C. 项目建议书包含总体建设方案、效益和风险分析等内容
D. 项目建议书是银行批准贷款或行政主管部门审批决策的依据

4.(　　)不属于可行性研究报告的内容。

A. 项目建设必要性　　　　　　　　　　B. 项目建设方案

C. 项目实施进度　　　　　　　　　　　D. 变更管理计划

5. 某立项负责人编制了一份 ERP 开发项目的详细可行性研究报告,目录如下:

①概述;②需求确定;③现有资源;④技术方案;⑤进度计划;⑥项目组织;⑦效益分析;⑧协作方式;⑨结论。

该报告中欠缺的必要内容是(　　)。

A. 应用方案　　　　B. 质量计划　　　　C. 投资估算　　　　D. 项目评估原则

6. 关于可行性研究的描述,正确的是(　　)。

A. 详细可行性研究由项目经理负责

B. 可行性研究报告在项目章程制定之后编写

C. 详细可行性研究是不可省略的

D. 可行性研究报告是项目执行文件

7. 项目整体管理是项目管理中项目综合性和全局性的管理工作,项目整体包括(　　)。

A. 制定项目章程、识别干系人、制定项目管理计划、指导和管理项目工作

B. 制定项目可行性研究报告、制定项目管理计划、指导和管理项目工作、监控项目工作、实施整体变更控制

C. 制定项目章程、制定项目管理计划、指导和管理项目工作、监控项目工作、实施整体变更控制

D. 制定项目可行性研究报告、识别干系人、监控项目工作、实施整体变更控制

8. 由于风险管理在公司项目中是相对新的事物,决定在处理已识别风险及其根源的过程中,检查并记录风险应对措施的有效性。因此,需要(　　)。

A. 进行一次风险审计

B. 召开风险状态会议

C. 确保风险是定期召开的成员会议上的例行讨论事项

D. 定期重估已识别的风险

9. 建设期利息是否包含在项目总投资中?(　　)

A. 是　　　　　　B. 不是　　　　　　C. 不一定　　　　　D. 说不清楚

10. 项目可行性研究报告不包含(　　)。

A. 项目建设的必要性　　　　　　　　　B. 总体设计方案

C. 项目实施进度　　　　　　　　　　　D. 项目绩效数据

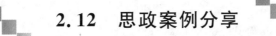

2.12　思政案例分享

思政案例分享见二维码。

模块三　物联网工程项目解决方案设计

3.1　学习目标

1.任务目标

- 熟悉智慧社区的现状和发展趋势；
- 熟练掌握方案设计的制作流程；
- 熟练掌握智慧社区各类传感器和平台的技术应用；
- 熟练掌握 Visio、PPT,能够绘制一般的拓扑结构；
- 具备良好的方案撰写能力。

2.能力目标

- 能够根据物联网智慧社区的要求撰写设计方案；
- 能够进行一般的物联网工程方案设计；
- 了解国内外技术知名厂商的设备；
- 掌握查阅设计规范的方法和途径。

3.素质目标

- 培养规范和标准意识；
- 培养独立思考的能力；
- 培养交流及沟通能力；
- 培养团队协作意识。

4.思政目标

- 培养学生安全防范意识；
- 培养学生利用科技为民服务的思想。

3.2　学习情境描述

本模块以智慧社区案例为例进行学习。智慧社区的概念非常大,建设方式也跟模式息息相关,而这个模式又需要各方的配合,如公安、街道、综治等相关单位,每家单位牵头做智慧社区,出来的效果都不一样。本模块我们来学习智慧社区的整体解决方案。

微课:v3-1
智慧社区
介绍

智慧社区通过物联网实现对社区各类信息全面采集;通过人工智能提升居民生活体验,提升社区安全等级;通过大数据、云计算为管理部门实现资源整合、数据共享。整个智慧社区的架构非常大,仅从应用上就可以分为社区运行、社区治理、政务服务、民生服务、社区管理等,而对应的社区智能化弱电相关的核心场景又可以分为八大类,分别是智慧安防、智慧访客、智慧停车、智慧环境、智慧能源、智慧门禁、智慧家居、智慧消防。智慧社区架构图如图 3-1 所示。

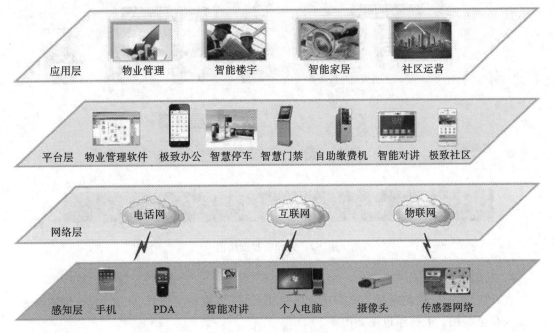

图 3-1　智慧社区架构图

这八大类智慧社区的场景系统的建设,绝不应该是对各个子系统进行简单堆砌,而是在满足各个子系统功能的基础上,寻求内部各个子系统之间、与外部其他智能化系统之间的完美结合。

3.2.1　智慧安防

智慧安防的应用在社区随处可见,除了在社区内部署普通高清网络摄像机,还有很多智慧安防的身影,如社区周边部署的人脸布控系统、人员通道系统、预警、周界、防高空抛物系统的部署。

1. 人脸布控系统

通过在社区的大门人员密集区域和重点人员管控区域等的进出入口通道,部署人脸抓拍摄像机,人脸抓拍摄像机采集到的人脸图像跟人脸图像目标库进行比对,比对成功后快速锁定嫌疑人,搭配社区电子地图后能实时追踪嫌疑人人脸轨迹,并辅助人工预判,将预警信息弹射到指挥中心大屏或者直接将预警信息推送给管理人员移动终端,由管理人员开展处置工作。人脸布控结构图如图 3-2 所示。

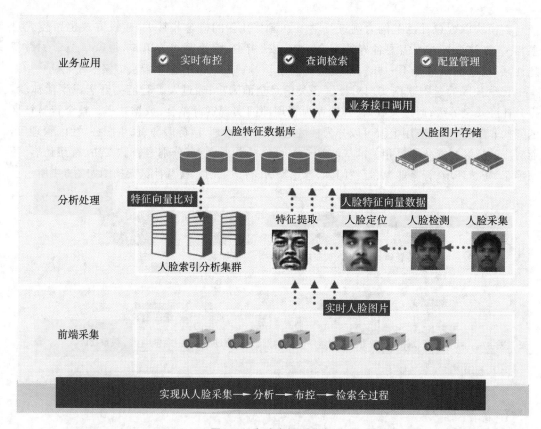

图 3-2　人脸布控结构图

2. 人员通道系统

在社区出入口,居民通过人脸闸机刷脸进出社区,实现业主通行、访客放行、尾随告警、进出人员全抓拍。人员通道图如图 3-3 所示。

3. 周界

在社区周界围墙处部署智能警戒摄像机,一旦发现有人翻墙进入社区,就实施智能抓拍、告警、自动弹窗、实时追溯。周界图如图 3-4 所示。

4. 防高空抛物系统

防高空抛物摄像机,可以对楼层高、中、低层进行视频全覆盖,能记录每个业主抛物的全过程,只要出现抛物现象,就可以马上调取此区域的摄像机录像,查找抛物人员及抛物过程,便于事后取证指认,威慑抛物人员,减少事故发生。社区高空坠物摄像机如图 3-5 所示。

图 3-3 人员通道图

图 3-4 周界图

图 3-5 社区高空坠物摄像机

3.2.2　智慧访客

访客子系统主要由访客一体机、管理终端、综合管理平台组成,并可与门禁子系统、人员通道系统、梯控系统进行整合,对访客身份进行有效确认,并管控访客的进出区域。智慧访客系统如图 3-6 所示。

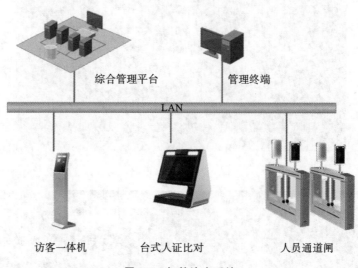

图 3-6　智慧访客系统

一般在大厅放置立式访客一体机,在前台、保安室等地放置台式访客一体机;已经预约的来访人员使用立式访客一体机完成自助登记动作;未提前预约的访客则需要到前台或保安室登记,由工作人员利用台式访客一体机完成访客登记。

3.2.3　智慧停车

停车场车辆管理系统主要是由前端子系统、传输子系统、中心子系统组成,实现对车辆的 24 小时全天候监控覆盖,记录所有通行车辆,自动抓拍、记录、传输和处理,同时系统还能将车辆分为“固定车”“临时车”“布控车”三种车辆类型,实现车辆区分管理。有些社区还会建设地库的车辆引导和反向寻车系统。智慧停车场管理系统拓扑结构如图 3-7 所示。

3.2.4　智慧环境

在社区建筑物过道部署烟感等物联网传感器,可以实时监测社区的火警、可燃气体泄漏等;在家庭实现烟雾监测、温湿度监测、PM2.5 监测、可燃气体监测。

3.2.5　智慧能源

在社区周边部署智慧路灯,在家庭实现智能水表、智能电表、智能燃气表的应用。

3.2.6　智慧门禁

在社区的单元楼,通过人脸门禁对单元楼进出人员进行合理管控,内置深度学习的摄像机可以实现电动车检测,并可联动梯控系统。门禁系统拓扑结构如图 3-8 所示。

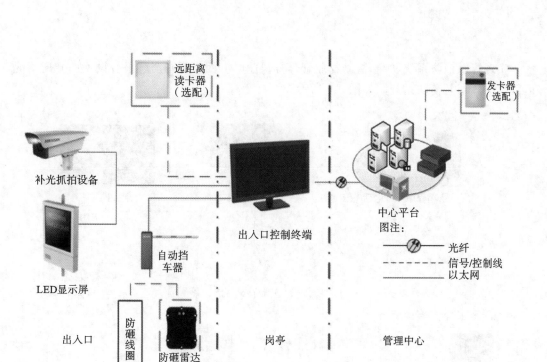

图 3-7　智慧停车场管理系统拓扑结构

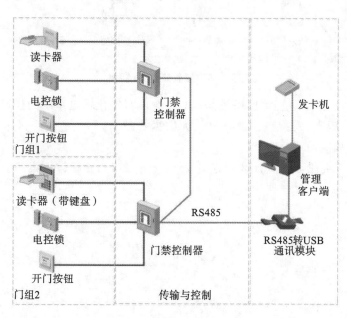

图 3-8　门禁系统拓扑结构

3.2.7　智慧家居

家庭部署安装智能家居系统,如智能锁、家用摄像机、门磁等。

3.2.8　智慧消防

实现智慧消防系统联网,帮助物业管理方快速了解社区所有消防报警设备的开通情况、运行情况。智慧消防系统图如图 3-9 所示。

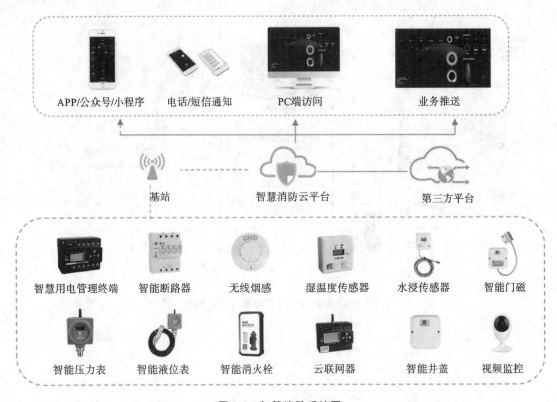

图 3-9　智慧消防系统图

智慧社区建设方案系统规划,不再是依靠传统的智能化弱电系统的建设,而是更多地融入人脸识别、车牌识别、人脸布控、物联网、大数据等技术,真正达到小区全域感知、数据汇聚、分析研判、实战应用等功能。

本模块我们需要学习智慧社区的方案设计,培养学生自主设计方案的能力。

3.3　知识准备

3.3.1　日常工作问题剖析

实际的工作中,不管是项目经理还是售前工程师,给客户提供的大部分解决方案一定是基于某个类似解决方案或者参考模板,这样做的好处就是能够快速高效地产出一份解决方案,解决方案的内容、层次、思路等方面出现问题的概率都比较小,相对是一份完整的、可读性强的方案。但是如果长时间依赖原有解决方案,对客户提出的一些个性化要求,我们可能就难以下笔,或者提交客户的解决方案无法体现出客户个性化的解决方案,难以让用户满意。

1. 低质量解决方案的特点

通过对低质量解决方案的分析,我们不难发现它们都具有如下一些特点。

1)追求数量,而不是质量

看似厚厚的几百页方案,其实有效的、可读的内容少之又少,更多的是一些套话、政策、功能的一些罗列,完全是为了写方案而写方案。

2)客户痛点分析不透彻

解决方案的最关键也是最基础的工作就是总结客户面临的问题,低质量解决方案这部分内容基本都是东拼西凑,总之,这部分内容有就行,是不是客户的痛点,并不重要。

3)解决思路不清晰

所谓解决思路就是根据现有客户的问题,提出我们的解决思路,不少的解决方案缺少这部分内容,也有的一些方案基本也是找一些套话放进去,体现不出解决方案的针对性。

4)提出的解决方案过于臃肿

客户本来就有一些小问题或者痛点,解决时却直接被放大 5 倍、10 倍。本来 100 万元预算能够解决的问题,非得给客户规划 500 万元、1000 万元,实际经验告诉我们,这些都是徒劳无功、没有任何作用的。

5)格式不规范

这个是比较低级的错误,有的解决方案编写完成后,目录、标题、图例等格式都不规范,整个文档看着非常的粗糙,这种解决方案客户基本都会丢弃,不会采纳。强烈建议,如果长期需要编写方案,建议整理一个通用模板,以避免一些低级错误。低质量解决方案特点如图3-10 所示。

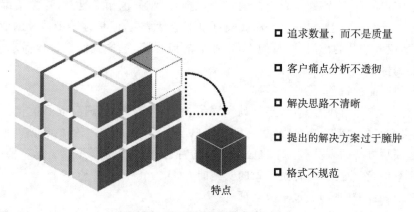

图 3-10 低质量解决方案特点

2. 高质量解决方案编写的技巧

高质量解决方案编写的技巧如图 3-11 所示。

01	相关资料收集很重要
02	所写内容一定是自己理解的
03	掌握业务要全面，不能一知半解
04	公司产品的特色、优点要掌握
05	客户关注的内容，通过章节呈现
06	解决方案的基本思路要掌握
07	反复检查

图 3-11　高质量解决方案编写技巧

1）相关资料收集很重要

实际经验告诉我们，平时工作中，愿意收集资料的人，更容易写出高质量解决方案文档。"工欲善其事，必先利其器""他山之石，可以攻玉"这些蕴含的道理大家应该都明白，在我们编写解决方案时，不管是痛点分析、解决方案的提出，如果我们有一些以往的资料能够参考，对我们会有非常大的帮助，也能启发我们的灵感，特别是我们有思路、有想法的情况下，更是能够帮助我们快速整理出一份高质量解决方案。

2）所写内容一定是自己理解的

给客户提供的解决方案的每一个段落，不管我们是找参考资料还是从类似方案中借鉴，解决方案的内容，一定是我们自己理解的。实际工作中，不少人自己提出的解决方案，客户在咨询时，竟然回答一塌糊涂，遇到这种情况，客户还会信任你吗？所以，所写内容一定要理解。

3）掌握业务要全面，不能一知半解

对于客户的业务，特别是有规模的客户，他们的业务也相对复杂，这会给编写方案的人带来一定的难度。对于复杂的业务，我们可以不全盘掌握，但是方案中涉及的业务我们要全面了解，如业务涉及的部门、涉及的人员、业务的流程等，这样我们在进行需求分析时，才能更加准确到位。

4）公司产品的特色、优点要掌握

提供给客户的解决方案，如果能列举同等规模、同等级别、遇到问题类似的企业的成功案例，解决方案的说服力会更强，也有助于客户理解提供的解决方案的思路。但是这样做的前提就是编写方案的人员需要掌握公司产品的特色、优点。如果不具备这个能力，那就不能对号入座案例，客户可能会怀疑公司的实施能力。

5）客户关注的内容，通过章节呈现

如果我们前期有和客户沟通，或者通过商务已经了解到客户关注的内容，我们需要把客户关注的内容通过章节呈现。这样的好处有：客户能够快速找到自己关注的内容，而不是包含在整个文档里面，让客户去查找，如果客户没找到，客户会认为提交的方案不专业，不予采取。

6）解决方案的基本思路要掌握

很多的方案也能够针对客户的问题，给出对应的解决方案，但是没有详细地阐述解决方案中的措施是如何解决客户的问题的。这类似于写作，只有论点，没有论证。就像老师讲到的，整篇文章全是论点，对文章开头抛出的问题，一概没有提出论证，前后没有呼应。写解决方案也是一个道理。

7）反复检查

解决方案编写完成后，还有一个非常重要的步骤就是检查。首先要检查的就是目录、页码、页眉、项目名称等基本信息；其次要检查图例，文中可能从别的文档复制的一些图片，一定要改掉，这是客户非常反感的；最后就是非本次解决方案需要的文档一律删掉。

3.3.2　如何写出一份合格的解决方案

解决方案不只是一篇文档，而是一整套的行动计划；而一篇好的解决方案是能够很好地解决客户关注的问题。接下来我们从写方案的三个阶段（前期了解阶段、查找资料阶段、书写阶段）讲述如何写出一份质量完好的、有结构的、有优势的解决方案。

微课：v3-2
解决方案
如何编写

1. 前期了解阶段

在写方案之前，我们要了解清楚这个项目、产品的来龙去脉，以及这个方案的阅读对象和方案的目的。具体主要包括以下几点。

1）了解项目的来龙去脉

主要了解项目情况、项目当前所处的阶段、项目所在的行业情况。

项目不同阶段，输出的解决方案类型和内容都是不一样的。前期有可能是从大的方向、概念、客户的问题等方面阐述；后期主要从产品功能、性能等方面阐述。这要求我们在与客户沟通时，要快速记录关键点，便于客户后续的使用。

2）写解决方案的目的

解决方案的目的是我们写作的方向，目的不同方案的粒度和角度都会不同，一般有以下几种目的。

➤满足客户的需求：这种目的，主要是以客户的问题、解决方法、解决后的效果来进行阐述的。

➤给客户讲解一些概念：为了抛砖引玉，在这种情况下，主要是为了满足客户的需求，给客户同步一些概念，并告诉客户我们有这样的方案。

3）解决方案的阅读对象

需要了解包括客户所在的岗位、所在的公司及认知情况。

➤岗位：如果客户是领导，则一定要在第一时间引起领导兴趣，主要讲解建设效果；如果客户是实施层员工，则主要讲解产品的建设内容。

➤所在公司：如果是甲方客户，可以主要讲解方案内容帮助他们解决什么问题；如果是集成商/中间商客户，他们一般对产品功能点是否多而全、公司有多少业务市场、产品是否有专利，这个事情是否有收益，有好处等比较关注，可以从这些方面进行阐述。

➤认知情况：如果客户对业务认知程度不高，要先阐述业务方向、行业现状，同客户站在同一认知层面上，再进行解决方案的讲解。切忌充斥大量专业词汇，或者含有高度复杂的逻辑关系。而如果出现新概念，一定要对这些新概念进行解释；如果客户比较了解业务情况，则可以简单描述行业背景和行业现状。

总结下来就是要围绕客户来写,方案也需要具备客户思维。

4)客户的需求是怎样的,有没有需要注意的点

解决方案就是把客户的利益和产品特性之间建立一个逻辑性的桥梁。

➤了解内容:我们写解决方案时一定要了解客户想知道什么,为什么想知道,需要感受到什么,这些需求是在何种业务需求下产生的,客户提出这样的要求到底想解决什么问题。

➤信息点:客户有没有特别要求,多数情况下客户都会有一些自己的思路,我们要先听一听客户的思路(思路不对,则要帮助他们修正),把握客户关注的重难点问题,并将其关注的问题重点体现在解决方案中;客户有没有不需要的内容,对此我们无须浪费时间去赘述。

5)了解解决方案是以什么方式呈现的?

要搞清楚方案的形式目标,是 Word,还是 PPT,是否需要演示产品。

注意:多数方案的需求来自领导或销售,我们接收到的内容是经过他们加工的信息。如果有条件,尽量同客户沟通内容,以掌握一手需求。

2.查找资料阶段

1)资料网

解决方案领域:书籍、白皮书、研究院报告,如悟道方案网、河姆渡方案馆。

产品领域:书籍、白皮书、研究院报告。

2)资料的搜索

➤搜索网站:百度搜索、微信文章搜索、今日头条搜索、招投标网站搜索(中国采购与招标网、千里马、采招网等)、论文网站搜索(知网、爱学术等)等。

➤对标(竞品)公司搜索:我们在写方案时,可能会遗漏这点,找到一个好的对标公司,不光会为我们厘清思路,还会找到很多好的素材内容。建议写方案时,找两三个对标公司。

➤关键词搜索:搜索时,增加关键词来搜索更加准确的内容。

(3)个人资料库整理

我们平时要积累好的素材,以便节省每次找资料的时间,主要积累以下类型的资料:

➤官方政策文件;

➤竞品公司资料梳理;

➤行业新的白皮书、研究报告等。

资料一定要分门别类整理好,方便查阅,如图 3-12 所示。

4)资料的参考方式

首先整理大框架,结构化地组织解决方案的思路和框架,然后往里面填充内容。填充内容时一定要做好内容的删减和过滤,只增加适合的方案内容,切忌全部粘贴。

3.书写阶段

1)梳理解决方案的思路

首先构思提纲和框架,然后再动笔,没有结构化的思维,所写方案依旧是一盘散沙。只有在一个人对一个整体信息化建设思路形成体系后,才能够写出完整的方案。

一般使用框架图来梳理自己的思路,思路梳理好后,选择合适的内容进行填充,解决方案思路如图 3-13 所示。

01智慧校园平台	2022/6/27 16:02	文件夹
02知识共享服务平台	2022/6/27 16:02	文件夹
03统一基础平台	2022/6/27 16:02	文件夹
04管理系统	2022/6/27 16:03	文件夹
05智慧教室&智慧课堂	2022/6/27 16:04	文件夹
06多媒体教学装备集控系统	2022/6/27 16:04	文件夹
07智慧校园可视化系统	2022/6/27 16:04	文件夹
08电子班牌	2022/6/27 16:05	文件夹
09后勤管理	2022/6/27 16:05	文件夹
10德育管理系统	2022/6/27 16:05	文件夹
11校园安全	2022/6/27 16:05	文件夹
12学生综合素质发展诊断系统	2022/6/27 16:05	文件夹
13课程管理系统	2022/6/27 16:06	文件夹
14校园资产管理系统	2022/6/27 16:06	文件夹
15智慧教研	2022/6/27 16:06	文件夹
16考勤管理系统	2022/6/27 16:06	文件夹

图 3-12　高质量解决方案编写技巧

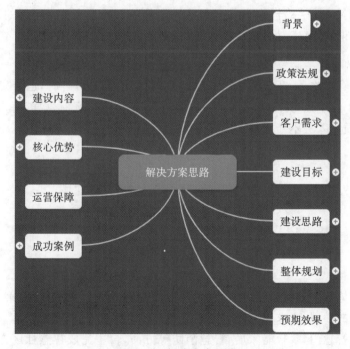

图 3-13　解决方案思路

2）找一个好的标准方案模板

解决方案的模板有很多，一般包括背景、政策法规、建设目标、建设思路、整体规划、预期效果、建设内容、核心优势、运营保障、成功案例等模块。

PPT 和 Word 侧重点不同，PPT 适用于对大框架、价值等的概述；Word 则更详细，建议学生整理不同的模板，之后填充内容，效率会高很多。

模板框架是标准化的，但内容要根据客户的需求做不同的论证，切忌千篇一律，否则不容易打动客户。

3）丰富方案内容

➤满足各利益方的需求，存在两种情况：客户不是一个人或一类人，是几类人；客户不是方案的使用者。类似于此类方案，需要在方案中考虑到这几类潜在客户的需求，权衡各方的利益，满足各方的诉求。

➤一定要阐述自己产品的特色和亮点，与竞争对手的差异。

➤不是我们有什么写什么，而是客户需要什么我们写什么。

➤要讲方案解决了客户的哪些问题。

➤一定要阐述产品价值，就是在解决了客户的问题后带来的利益。

➤使用客户视角的语言。

4）风格技巧

➤方案样式要给人延伸感，尽量避免给人不大气的感觉。

➤方案整个风格要统一，主色调要统一，配图要统一。

➤方案要精简，内容要丰富，切记长篇大论。有的解决方案一个不好的倾向是"长、厚、全"，看起来面面俱到，其实对决策者没有帮助。

4. 总结

方案提交给客户之后，客户会提出一些问题；我们给客户讲解时，也会发现讲解中的问题，我们要记录下这个点，并对方案和讲解内容进行持续优化，只有这样，每次都会进步一点点，解决方案的质量才会不断提高。

3.4　任务书

　　智慧社区整体解决方案，顾名思义包含两方面内容：第一，智慧社区；第二，整体解决方案。通过本模块的学习，要求学生针对当地某一小区的智慧安防、智慧访客、智慧停车、智慧环境、智慧能源、智慧门禁、智能家居、智慧消防等方面，自主完成智慧社区方案设计。学生按 6~8 人为一组进行分组，熟练掌握工作计划与实施内容，学会 Word 版和 PPT 版方案设计，模拟本模块给出的内容。

3.5 任务分组

任务分组如表 3-1 所示。

表 3-1 任务分组表

班级		组别		指导老师	
组 员 列 表					
姓名	学号	任 务 分 工			

3.6 工作准备

　　学生按照各自划分的小组首先完成本模块工作计划与对实施当中的内容进行补充,了解方案设计的步骤。然后选择某一小区(如教职员公寓、学生公寓或邻近小区等)进行智慧社区方案设计。实施过程中,首先对智慧社区系统工程建设内容进行需求分析,准确挖掘客户需求。然后根据相关分组成员的特点进行模拟公司组建,模拟出公司的特色产品和主营业务。根据客户需求,收集相关资料和方案模板,完成智慧社区 Word 版和 PPT 版的方案设计。

3.7 引导问题

3.7.1 思维导图

让思维导图成为方案设计的引导者。思维导图是一种结构化思考的高效工具，它可以帮助我们梳理头绪，重塑更加有序的知识体系，制定清晰有效的计划方案。

思维导图也是一项提高创造力和生产力的技巧，它是用文字和图像抓住灵感和洞察力的一套革命性方法。学生在设计解决方案之前先绘制思维导图。图 3-14 所示的为思维导图的示例。

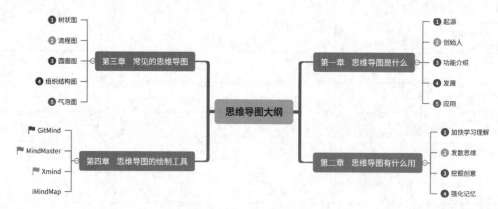

图 3-14 思维导图的示例

3.7.2 Visio 绘图软件

Microsoft Visio 是 Windows 操作系统下运行的流程图软件，它现在是 Microsoft Office 软件的一部分。Visio 可以制作的图表范围十分广泛，有些人利用 Visio 的强大绘图功能绘制地图、企业标志等，同时 Visio 支持将档案保存为 svg、dwg 等矢量图形通用格式，因此受到广泛欢迎。

学生通过 Visio 的基础教程，掌握 Visio 的工作环境及搭建；掌握用 Visio 绘制图表的基本操作；熟练利用 Visio 绘制各种较复杂的专业图表，包括流程图、拓扑结构图、组织结构图、平面设计图、思维导图等常用图形的绘制；掌握各种图表文档创建方法。

虽然 Visio 是绘制流程图使用率最高的软件之一，但也有其不足。所以，结合实际情况选择合适的替代工具不失为一种明智的选择。Visio 的替代工具主要有 Axure、Mindjet MindManager、Photoshop、OmniGraffle 及 ProcessOn 等，学生可以多去了解和学习这些工具。

3.8　工作计划与实施

3.8.1　解决方案 Word 版练习节选

以下为 Word 版"智慧社区整体解决方案"真实案例,学生学习后需掌握智慧社区整体架构和各个模块的功能。

智慧社区整体解决方案

目　录

智慧社区整体解决方案正文节选

第一章　综　　述

　　随着国民经济的发展,居民对生活品质有了更高的要求,尤其是对居住空间的要求有了一个从量到质的比较大的飞跃。住宅智能化系统正是在这一前提下,伴随着住宅建设的高潮而提出来的新概念。住宅建设产业正日益成为国民经济新的增长点,这一概念也必将得到广泛的讨论,变得越来越清晰,体现得越来越具体。

　　××家园智能化系统的作用主要体现在以下四个方面:

　　(1)住宅小区智能化系统能够提高住宅、社区的安全防范程度;

　　(2)住宅小区智能化系统能够为小区住户提供生活方便和信息服务;

　　(3)住宅小区智能化系统为物业管理提供先进的管理手段及众多的增值;

　　(4)××家园一期、二期整体智能规划,分布实施规划。

1.1　设计依据说明

1.1.1　本方案设计依据

内容略。

1.1.2　工程基本情况

例如,××家园建筑面积约16万平方米,住宅共有5种户型,分别是A户型双拼别墅,共计 32 套,每套 261 平方米;B 户型单体别墅,共计 47 套,每套 310 平方米;C 户型别墅,共计 88 套,每套 374 平方米;D 户型别墅,共计 15 套,每套 437 平方米;E 户型别墅,共计 18 套,每套 498 平方米。一期、二期工程共有 200 套别墅组成。

1.2　方案设计原则

根据招标书要求及国家和当地的信息发展规划,××家园遵循以下设计原则。

1.2.1　经济实用性

根据客户的需求和整体设计,选取合适的智能化系统产品。各个子系统之间可以通过性能价格比较好的软硬件设备来实现网络互联,整个系统具有高效的使用功能,一期工程具有低廉的投资和运转维护费。充分考虑住宅小区与楼宇的连接和整个园区工程的分布实施,对此要逐步到位。

1.2.2　先进性

在满足客户现有需求的前提下,在技术上提供充分升级空间,保护客户的前期投资,利用先进的技术和较少的投资,实现强大的功能。

1.2.3　集成性和开放性

充分考虑小区智能化系统所涉及的各个子系统的集成和信息共享,使整个小区的智能化系统具有极高的安全性、可靠性、容错性,为小区的增值服务提供必要软硬件准备。

1.3　系统设计目标

➢小区物业管理与小区自动化、安保、消防报警、综合管理系统、电话与电视等子系统相连,实现小区各系统的互联与资源共享及联动控制。

➢构建小区 Intranet 接入,被授权客户可利用小区计算机网络系统获得信息服务。

➢能够方便地和小区外部的公共数据网、信息网互联,为多种服务提供网络支持环境。

1.4　系统功能图

智慧社区系统功能图如图 3-15 所示。

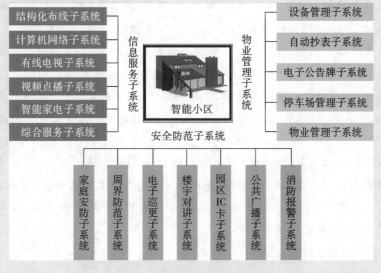

图 3-15　智慧社区系统功能图

第二章 ××家园系统的总体结构

考虑到××家园一期和二期工程的有效连接，使二期工程最大限度地利用一期工程的设备，并延续一期工程的设计思路。对××家园采用整体设计、分布实施的设计方法。

2.1 工程范围

2.1.1 安全防范部分

➤闭路电视监控及周界防范系统（包括公共设施监控，出入口管理等）。

➤可视对讲与防盗门控。

➤家庭安防（包括呼救报警、煤气报警等）。

➤保安巡更管理。

2.1.2 物业管理系统

➤水、电、气、热等表具有远程抄收与管理或IC卡电子计量的功能。

➤车辆出入与停车管理。

➤对部分供电、公共照明、电梯、供水等设备实施监控管理。

➤紧急广播与背景音乐系统。

➤物业管理计算机系统。

➤电子广告牌系统。

2.1.3 信息网络系统

➤为实现上述功能进行科学合理布线。

➤每户不少于两对电话线和两个有线电视插座。

➤建立有线电视网。

2.2 总体结构

2.2.1 小区信息网络结构

中心机房配置物业主服务器、Web服务器、网管PC、代理服务器，以实现物业管理中心的计算机管理；一期工程配置具有1000 MB交换功能接口的中心交换机，并为××家园配置光纤接口插槽，并在二期工程需要的时候添加，小区内部通过光纤连接各个楼宇，各个楼宇配置100 MB接口的楼头交换机，实现小区内部的局域网。

××家园，通过中心机房配置网络防火墙和中心交换机，以及小区内的星形光纤分布网络、楼头交换机、楼层（单元）集线器、入户双绞线，将互联网上的信息送入客户家中，为客户提供100 MB的接入功能。

中心控制机房配置UPS系统，为各个系统的正常运转提供保障，各个系统根据各自的实际需要配置相应容量的UPS，机房内合理布局各个系统的位置，实现人机分离管理、UPS集中管理。为后期的安防系统、背景音乐系统、物业管理系统、二期工程中分布实施的功能系统，相应地留有空间。

2.2.2 小区控制网络结构

内容略。

第三章　安全防范系统

3.1　公共设施监控及周界防范系统

3.1.1　闭路电视监控及周界防范系统概述

智能小区的周界防范系统是为防止从非入口地方未经允许擅自闯入小区,避免各种潜在的危险。本方案建议采用主动式远红外多光束探测设备,与闭路电视监控系统配合使用,性能好、可靠性高、警戒距离长。本系统具有如下特点。

对射器可以与室外高速智能球进行联动。该系统的感应器能自动侦测出入侵者并同时发出警报声,不需要值班人员长时间监看屏幕,也可以借助随身携带的呼叫器告知值班人员警报的产生,可早期发现警报以实现预先防范。大雨、大雪、多云的天气与太阳光的变化,鸟与树叶、荧光灯等不会发生错误的警报。

3.1.2　设计依据

内容略。

3.1.3　设计原则

内容略。

3.1.4　闭路电视监控及周界防范系统原理

本系统由专用的矩阵主机、长延时录像机、解码器、前端摄像机、全方位云台摄像机、定焦/变焦镜头、报警控制器、红外对射探测器等设备组成。

3.1.4.1　视频矩阵主机

安装在监控中心,采用矩阵切换方式,可任意编程、控制图像的输出方式,可随意调用某一图像,可随意控制带有云台和变焦镜头的摄像机。

该系统融合电视技术、传感技术、自动控制技术,以及声音、图像处理技术,功能强大,操作简单,可实现多功能、全方位、综合性的监视。

3.1.4.2　解码器

解码器安装在被监视现场附近,用于远程控制现场的全方位云台和变焦镜头的摄像机;并可预置摄像机指向位置和云台工作方式(自动旋转/手动遥控)。

3.1.4.3　前端摄像机

前端摄像机安装在被监视现场,用于将监视的场所情景转换成视频电信号并将其传送回监控中心以进行记录、监视。

3.1.4.4　全方位云台

全方位云台安装在被监视现场,用于支撑摄像机,带动其上下左右转动,使监视的有效范围扩大。

3.1.4.5　变焦镜头

变焦镜头安装在摄像机内,用于电动调节镜头的焦距,使摄像机能随意摄录远/近的图像。

3.1.4.6　报警控制器

报警控制器安装在监控中心,当报警探测器探测到信号时,报警控制器发出声、光报警,通知保安人员有入侵者,以便保安人员及时做出反应。

3.1.5　摄像机、红外对射探测器安装位置

在××家园周界、车行、人行通道及出入口、设备机房、室外主要车道等处安装摄像

机,共48个摄像机,除小区出入口和小区周界采用低照度黑白摄像机、小区主要车道采用彩色摄像机(带云台)外,其他全部采用黑白摄像机。

3.1.5.1 摄像机安装位置

在出入口选用黑白摄像机,用于监视出入停车场的车辆情况,共2个。

小区周界及主要通道及出入口采用室外一体化高速智能球形摄像机,共40个。

其他位置考虑安装5个黑白摄像机。

监控点位分布如表3-2所示。

表 3-2 监控点位分布

位置	自动光圈/个	三可带云台变镜头/个	摄像机
小区出入口		2	低照度黑白摄像机
小区周界		10	高速智能球形摄像机
人、车行通道	30		快球摄像机
补点位置1		1	快球摄像机
补点位置2	5		黑白摄像机
合计/个	35	13	48

3.1.5.2 红外对射探测器安装位置

由于小区边界分布较长,本方案共设有9对双光束/四光束红外对射探测器,用于严密监视小区周边情况,实现小区周边的安全防范。充分考虑到恶劣天气造成的影响,根据以往的工程经验,选用对射探头均有很大余量。

由于本小区边界较长,选用探测器的数量较多,具体如下。

ABT-80(双光束,探测范围80 m):2个。

HA-350D(双光束,探测范围110 m):1个。

ABQ-150(四光束,探测范围150 m):4个。

ABH-250(四光束,探测范围250 m):2个。

公共设施监控系统选用的AB矩阵带有直接连接报警器材的功能,带有32个防区报警输入口,1个输出口。可以直接连接常闭和常开型报警器材,所以双光束红外对射探测器直接与矩阵主机相连接。报警探头与CCTV(闭路电视摄像头)的联网采用硬件联网方式,即矩阵主机接收来自报警探头的报警信号,驱动与之相关的摄像机,将报警画面自动弹出到监视器上。

3.1.6 闭路电视监控及周界防范系统设计方案论述

内容略。

3.1.7 闭路电视监控及周界防范系统设备选型及参数

内容略。

3.2 楼宇对讲与家庭安全防范系统

3.2.1 概述

安全是居民对住宅的首要要求,智能小区的安全防范系统承担居民生命和财产安全的职责。楼宇对讲系统、闭路监控系统及家居报警系统统一构成了智能小区的防范体系。

为了配合××家园的现代化管理,给住户一个安全舒适的居住环境,本方案提供一套技术先进、性能完善的可视对讲及家庭安全防范系统,组成该小区的智能安全防范系统。

3.2.2　设计标准、规范及依据

内容略。

3.2.3　系统设计思想

根据住户需求,安装可视对讲系统,在楼门口安装对讲门口机,访客通过对讲门口机可以和住户通话,住户如果同意访客进入家门,则可以开起控制锁,让访客进入。在管理中心的主管理机也可以和住户通话,转接住户间的对讲。实现物业中心、住户、访客的三方通话功能,操作简单易上手,可以使用密码开门,并可设定个人开门密码。当某个用户端发生故障时不影响整个系统的使用。保证系统的性价比的优越性和实用性。

考虑住户的安全问题,我们选择带有安防功能可扩展网络模块的对讲分机,对讲、安防都能实现,使住户更加方便安全。

3.2.4　系统选型原则

内容略。

3.2.5　系统功能特点

内容略。

3.2.6　系统组成

(1)直接式对讲主机。

(2)电源(断电后可供电24 h)。

(3)多路保护器。

(4)对讲分机。

(5)电控锁。

(6)信号线。

(7)管理中心机。

3.2.7　对讲系统原理图

对讲系统原理图如图3-16所示。

3.2.8　系统各部分功能技术参数

内容略。

3.3　保安巡更管理系统

3.3.1　概述

××家园小区设置65个巡更点,由3名工作人员按3个班巡逻。在此采用无连接线巡更系统,其设计充分考虑到了使用者的方便、快捷,既能实现对物业巡更工作的有效监督,又能通过科学、严格的管理提高工作效率。

3.3.2　设计思想

在信息科技飞速发展的今天,在××家园小区管理中巡更成了保护居民住宅安全

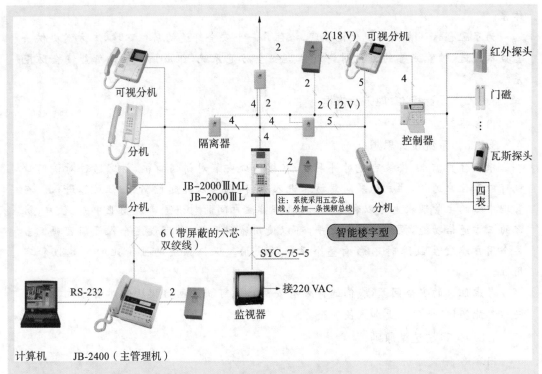

图 3-16 对讲系统原理图

的有力手段,为了保证巡更的警力人员能够责任到位和便于管理督促,电子巡更系统便成了管理人员最可行的帮手。

电子巡更管理系统分为有连接线和无连接线两种方式,在本方案中,我们采用了无连接线巡更管理系统。

3.3.3 系统特点

内容略。

3.3.4 系统介绍

从工作原理、系统组成两方面进行编写。

内容略。

3.3.5 设备特点

内容略。

3.3.6 系统技术参数

内容略。

3.3.7 电子巡更系统路线图

内容略。

第四章 物业管理系统

4.1 抄表远传系统

4.1.1 概述

小区抄表远传系统有多种多样的实现方案,首先是采用脉冲式电表、水表、燃气表等,输出电信号,供给数据采集器进行收集和处理,然后小区的管理计算机接收由数据采集器发送的资料数据,存入其收费数据库中,并且在必要时可沟通电力公司、自来水公司、天然气公司和银行,完成用户三表或四表信息的数据交换和费用收取。

自动抄表系统的实现主要有三种模式:总线式抄表模式、电力载波式抄表模式、电话线路载波模式。

总线式抄表模式的主要特征是在数据采集器和小区的管理计算机之间以独立的双绞线方式连接,传输线自成一个独立体系,可不受其他因素影响,维修调试管理方便。

电力载波式抄表模式的主要特征是数据采集器将有关数据以载波信号方式通过低压电力线传送,其优点是一般不需要另铺线路,因为每个房间都有低压电源线路,连接方便。

4.1.2　实现目的

在我们国家目前用户四表或五表抄收工作基本上还是靠人工上门抄表完成,这样不仅劳动强度大、效率低、成本高,而且由于人工抄表无法实现实时抄表,实时监测其供电、供气等情况,也无法实现分时收费,并且手工抄表对数据的统计、汇总和收费管理,给电力公司及自来水公司等的管理造成很大的困难,因而无法满足这些公司的管理与服务的要求。为了改变这种现状,我们采用自动化抄表远传系统,实现××家园自动化抄表,实现实时采集和记录数据及收费管理(必须与银行联网)等,并能做到用户表具出现异常情况报警时对其进行远程控制,这样为用户提供一个安全、舒适、便利、优雅的生活环境。

4.1.3　需求分析

××家园一期、二期工程共100户,每户配置一个抄表远传系统,每户四表(水表、电表、燃气表、热能表)。

4.1.4　设计标准、规范及依据

《智能建筑设计标准》(GB 50314—2015)。

《民用建筑电气设计标准》(GB 51348—2019)。

4.1.5　设备选型

根据对几种抄表实现模式及对几个厂商的比较,我们建议抄表远传系统采用总线式的,××公司的抄表远传系统为总线式的,并且在××家园实施了很多工程,系统运行可靠、稳定,同时选用设备的时候也遵循技术领先、质量第一、运行稳定、系统可靠的原则,所以我们选用××公司的抄表远传系统。

4.1.5.1　系统组

内容略。

4.1.5.2　系统功能及特点

内容略。

4.1.5.3　技术参数

××抄表控制器如图3-17所示。

六路抄表控制器主要安装在用户家里,可同时抄集6个表。可与楼宇对讲分机并接在一起使用。

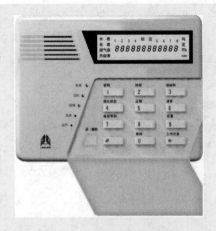

图 3-17 ××抄表控制器

功能特点如下。

➢ 本机特性参数可通过键盘设置。

➢ 液晶显示。

➢ 可配接分机。

➢ 可外接水表、电表、燃气表、热能表实现四表集抄。

➢ 具有防拆报警功能。

➢ 可由计算机发送抄表指令,便可抄录各用户耗能数据。

4.2 一卡通管理系统

学生以小组为单位完成以下方案设计内容。

4.2.1 概述

本方案针对××家园的出入口管理、门禁系统而设计。本系统由出入口管理系统、门禁系统、POS消费系统组成。停车场管理部分包括出入口车道;门禁系统包括小区出入口等设置,从而实现一卡通用。

4.2.2 设计依据、规范及依据

《民用建筑电气设计标准》(GB 51348—2019)。

《智能建筑设计标准》(GB 50314—2015)。

《International Standard》(ISO/IEC 7816-3)。

4.2.3 系统选型原则

选择合适的厂商。

4.2.4　系统功能

4.2.5　系统组成

"一卡通"选用××智能卡。

"三个子系统"为出入口管理系统、门禁系统、消费管理系统。

一库一网即在中控室建立一个管理中心（网络中心），采用××网络方式将各工作站和中心服务器连接起来，完成数据动态交换，同时通过一个"一卡通"综合软件实行智能卡的统一发行、查询和管理功能，该数据库的网络方式同时可以扩展到广域网上，实现联网工程的需要。

4.2.6　出入口管理系统

为了使××家园地面有足够的绿化面积与道路面积，同时保证提供规定数量的停车位，在××家园设置了出入口管理。此停车场是为了满足小区住户需求，保障车辆安全，方便住户使用。

由于小区的车辆比较多，需要建立出入口管理系统，以提高车库管理的质量、效益与安全性。

4.2.6.1　出入口管理需求分析

4.2.6.2　设计依据、规范及依据

《民用建筑电气设计标准》(GB 51348—2019)。

《智能建筑设计标准》(GB 50314—2015)。

《International Standard》(ISO/IEC 7816-3)。

4.2.6.3　系统选型原则

按照国家技术规范的要求,停车场系统选型以系统的可靠性,产品质量,可集成扩充性及性价比为第一原则,同时兼顾系统产品完整性、兼容性、系统可升级等因素。该系统选择先进的智能管理系统作为××家园的出入口控制系统,该系统完全能够满足住户的全部要求,实现小区出入口的智能化管理。

4.2.6.4　系统功能

_____

_____

_____

_____

_____

_____

_____

_____

4.2.6.5　系统组成

_____

_____

_____

_____

_____

_____

_____

4.2.6.6　内部车辆管理

_____

_____

_____

_____

_____

_____

_____

4.2.6.7　计算机管理室

_____

_____

_____

_____

_____

_____

_____

_____

_____

4.2.6.8　停车场管理系统图

使用 Visio 软件进行绘制,填入表 3-3。

表 3-3　停车场管理系统图

4.2.6.9 主要设备介绍

对读卡器、挡车器、防砸车系统、控制系统等主要设备进行介绍。

4.2.6.10 主要设备技术参数与规格

4.2.7 门禁管理系统

4.2.8 消费管理系统

4.3 楼宇控制系统

4.4 背景音乐广播系统

4.4.1 背景音乐广播系统概述

内容略。

4.4.2 设计依据

内容略。

4.4.3 设计原则

内容略。

4.4.4 背景音乐广播系统基本组成

内容略。

4.4.5 背景音乐系统

内容略。

4.4.6 扬声器位置设置

内容略。

4.5 物业管理计算机系统

4.5.1 概述

内容略。

4.5.2 实施物业计算机管理的必要性

内容略。

4.5.3 系统设计

4.5.3.1 系统概述

本系统采用××公司开发,系统整体设计基于"公司化物业管理""访问修改许可制""模块化结构""管理面广"的原则,物业管理公司的所有数据存放在中心机房的数据库中,各个客户端的请求全部由 Web 服务器处理后发送回去,在以上的环节中,各模块既独立运行又互相配合,杜绝了瓶颈限制,保证了整个系统的高效。

4.5.3.2 系统功能

物业管理系统结构图如图 3-18 所示。

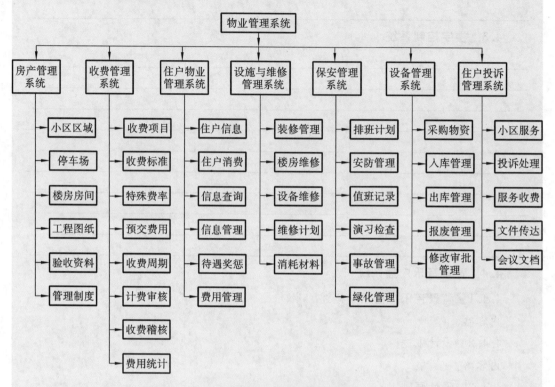

图 3-18 物业管理系统结构图

1.房产管理系统

房产管理系统主要包括对物业资源、业主、客户、产权人等信息的记录、查询、维护;储存比较完整的房屋及其设施设备的基础资料、房屋产权产籍资料和物业管理经营管理资料;记录的变更、档案资料。房屋及设施设备、基础资料的房屋总平面图、地下管网图、规划批准文件、竣工和接管验收档案资料、公共设备设施的设计安装图纸资料等均可以用管理系统进行管理。

2.住户物业管理系统

住户物业管理系统包括对住户的各种消费费用进行管理,提供存储、查询功能。

3.设备管理系统

设备管理系统包括设备运营服务和维修,小区公用设备的保养与维护,住户使用设施的维修。小区公用设备的库存管理及登记。从物资采购、入库处理、出库处理、物资报废、修改审批几个方面把设备管理起来。

4.设施与维修管理系统

设施与维修管理系统包括对物业小区内设备进行的管理和维修,以及对消耗的材料进行的统计。

5. 住户投诉管理系统

住户投诉管理系统包括对小区住户的各种投诉进行的统计、存储和管理。

6. 保安管理系统

保安管理系统包括根据排班计划自动对保安、消防、环卫进行的排班,制定的小区绿化计划,记载的安防演习、检查、事故情况。

7. 收费管理系统

收费管理系统主要包括对住户、住户单位、产权人等进行各种收费的管理;对业主进行各种费用的代缴代收服务。其中包括收费项目的设置、收费对象的设置,合同费(一次性、周期性)的设置与收取,水、电、气表的管理,读数录入,收费计算,收费结转,费的收取,收费通知书、欠款明细表的打印,以及其他(月报表、年报表、季报表的打印)等。

4.5.3.3　系统特点

内容略。

4.6　电子广告牌系统

4.6.1　概述

内容略。

4.6.2　系统构成

内容略。

4.6.3　方案设计

内容略。

4.6.4　系统特性

内容略。

第五章　信息网络系统

5.1　综合布线系统

5.1.1　引言

智能住宅小区的构成和系统的选择应根据其所在地区的政治、经济发展水平和文化传统及生活习惯,在正确的需求估计基础上做出网络部署,并满足以下的基本标准:

➤提供舒适安全、高品位且宜居的家庭生活空间;

➤具有作为信息高速公路的家庭进出口的快捷全方位的信息交换功能;

➤提供丰富多彩、高品位的业余文化生活;

➤提供包括儿童教育、成人教育在内的多层次家庭和业余教育服务;

➤提供家庭保健、远程看护服务。

5.1.2　综合布线系统的构成

综合布线系统有六个子系统,列出综合布线六个子系统,并对其进行简要描述。

_____

_____

_____

各子系统在整个系统中所处的位置如图 3-19 所示。

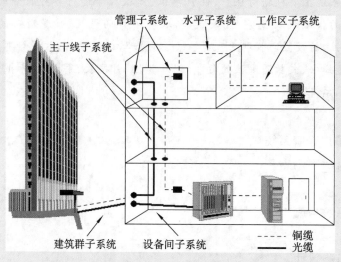

图 3-19　综合布线示意图

5.1.3　综合布线系统设计概要

5.1.3.1　设计目标

综合布线系统具有开放式的结构,并提供众多厂商的产品,具有模块化、可扩展并面向客户的特点,遵从工业标识和商业建筑布线标准,其优点如下。

➤实用性:实施后的通信布线系统,将能够在现在和将来适应技术的发展,且实现数据、语言、多媒体等多种信息传输。

➤灵活性:综合布线系统能够满足灵活应用的要求,即任一信息点能够连接不同类型的设备,如计算机、打印机、终端或电话、传真机等。

➤模块化:综合布线系统中,除去固定于建筑物内的缆线外,其余所有的接插件都应是积木式的标准件,以方便管理和使用。

➤扩充性:综合布线系统是可扩充的,方便将来有更多应用时,容易扩展设备。

5.1.3.2　系统实施

➤布线设计:需要根据客户要求与建筑设计部门合作,实现对整个综合布线系统的设计。

➤调试安装:对提供的综合布线系统设备进行调试安装。

➤布线施工督导:对布线过程中技术的指导和非技术性的管理进行协调。

➤线缆测试:对完工后的布线系统,用标准的仪器进行有关测试并提交测试报告。

➤文档:完工后系统的各种资料,应以文件的形式提交给客户。

➤培训:应对综合布线系统的日常维护及管理人员提供必要的培训。

5.1.4 设计依据与用户需求

内容略。

5.1.5 用户需求

内容略。

5.1.6 方案设计思想

内容略。

5.1.7 信息点分布

内容略。

5.1.8 设计方案

内容略。

5.1.8.1 布线系统设计

根据智能小区的楼层结构和信息点的分布情况,需要布线的为计算机数据通信网的结构化布线系统,使用星形物理拓扑结构,对系统进行集中管理。各节点均采用模块化结构,以保证信息点的可移植性。由于智能小区住宅楼楼层为建筑群结构,且楼型不一致,楼数比较多,因此本方案中我们将小区按建筑组团分为 48 个二级管理间,各个二级管理间接六芯光纤并与会所中心机房连接,管理间设在一层中间单元或楼头。电话布线系统由电话交换局进线进入会所,通过 25 对大对数电缆接至二级管理间,各个楼头有配线间,由配线间引至各个户内电话点。

5.1.8.2 设备间子系统设计

由建筑结构及楼宇安排可知,楼宇的设备管理机房设在会所。设备机房管理整个小区的数据节点,为光纤的端节点,使用光纤端接箱和光纤跳线,跳接到网络交换机上,同时采用标准的通信机柜进行管理,机柜内配置 110 配线架与 48 口超五类配线架,通过灵活跳线与网络设备连接。配线架采用挂墙式或机柜式安装,要求安装在厚度不小于25 mm的防火木板上或机柜中。

5.1.8.3 管理子系统设计

考虑到楼宇内计算机数据网络管理的需要,我们将管理子系统分成三级,一级管理子系统设在主机房,它管理整个小区的信息点;二级管理子系统分别设在出双拼别墅的建筑楼的中间单元或楼头设备间,各自管理本楼及相邻双拼别墅的信息点;三级管理子系统为 30 栋双拼别墅的一层,管理本楼的信息点。一级管理子系统主干为六芯光纤和大对数电缆,二级管理子系统主干为六芯光纤和大对数电缆,三级管理子系统为超五类双绞线。

三级管理子系统由110 配线架、交换机组成,并使用色标区分干线电缆、水平电缆和主配线架(MDF)设备端接点。双拼别墅每栋由二级管理子系统引出 2 根超五类双绞线、1 根语音线、1 根数据线,经三级管理中心 110 配线架和交换机达到每户 4 个语音点、4 个数据点。其余建筑物由一级管理子系统引出的 1 根六芯光纤和25 对大对数电缆经二级管理中心 110 配线架和光纤交换机达到每户 2～4 个语音点、2～4 个数据点。这样就实现了数据和语音的传输。

5.1.8.4 水平子系统设计

水平子系统是从配线间出发,连向各个工作区的信息插座。水平线由超五类八芯双绞线电缆构成,用于语音数据传输,目前可传高达 155 Mbps 的数字信号。水平电缆的布线长度不超过 90 m。

吊顶上安装有汇线设备,具体走向在施工方案中设计。从线槽引出 ϕ20 PVC 管,若与电源线并行走线,两者之间必须有 40 cm 以上的间距。以明装方式由墙壁而下,到各个信息点。

水平子系统的作用是将干线子系统的线路延伸到用户住宅区子系统。

本系统的水平线在选型时考虑到今后高速计算机网络系统的发展和应用,以及系统变更的灵活性,采用了超五类 UTP 作为水平线。超五类 UTP 支持 155 Mbps 传输速率,它不仅可以用于连接所有话音及目前各种类型的局部网络,而且满足 100 Mbps 以太网和 FDDI 要求,支持未来 150 Mbps ATM(异步传输模式)。这些电缆均为非屏蔽双绞线,它们可通过用户的预埋管到达各个工作区。

5.1.8.5　工作区子系统设计

工作区子系统由终端设备连接到信息插座的连线和信息插座组成。信息插座为 ISDN 标准的 RJ-45 通用信息出孔,它可以连接各种适配器和转换器。RJ-45 插座可以连接电话和数据终端,也可以连接其他传感器和弱电设备。在 RJ-45 插座内不仅可以插入数据通用的 RJ-45 插头,本系统采用的信息出孔型号是双孔面板。距电源插座 30 cm,信息插座和电源插座的底边沿线距地板水平线 30 cm,用线槽将线从 PVC 管处引到信息点。

5.1.8.6　建筑群子系统设计

由于设备管理间设在会所,因此到各个组团的设备间之间采用铺设室外六芯多模光纤,实现中心机房与各楼之间互相连接。

5.1.9　测试

内容略。

5.1.10　施工注意事项

内容略。

5.2　卫星有线系统

5.2.1　系统概述

内容略。

5.2.2　系统设计的依据规范

内容略。

5.2.3　系统设计原则

内容略。

5.2.4　系统选型及功能特点

内容略。

5.2.5　系统具体设计

内容略。

5.2.6　卫星宽带接入优点

内容略。

5.3　计算机网络系统

5.3.1　综述

内容略。

5.3.2　用户需求

内容略。

5.3.3　设计原则

内容略。

5.3.4　建设目标

内容略。

5.3.5　主要技术

内容略。

5.3.6　网络设备选型

内容略。

5.3.7　网络设计

内容略。

5.3.8　一级管理中心交换机的选择

内容略。

5.3.9　二、三级管理中心交换机选择

内容略。

5.3.10　网络备份、安全备份策略

内容略。

5.3.11　服务器系统

内容略。

5.3.12　设备性能及技术参数

内容略。

5.3.13　网络技术分析

内容略。

5.3.14　防火墙系统

内容略。

附件　照明控制系统

内容略。

3.8.2　解决方案 PPT 版练习节选

在向客户进行宣讲时,需使用 PPT 版的汇报材料,要注意汇报材料的逻辑性、界面的美观性、突出方案亮点,智慧住宅小区宣讲 PPT 的参考方案如图 3-20 所示。请学生按照小组分工完成所选项目智慧住宅小区 PPT 的参考方案进行制作。

目录

一、项目需求分析

二、项目设计依据及原则

三、子系统设计说明

四、设计方案亮点

项目总体规划

智慧住宅小区系统工程建设内容

周界防范系统　出入口系统　视频监控系统　电子巡更系统　综合管网系统　可视对讲系统

有线电视系统　充电桩系统　三网融合及综合布线系统　梯控系统　电梯五方对讲系统

人脸识别系统　信息发布系统　背景音乐系统　机房工程

图 3-20　智慧住宅小区宣讲 PPT

智慧小区方案亮点

➤ 先进性、成熟性：采用技术先进成熟的技术和产品。

➤ 开放性和互操作性：采用开放性标准，能完成不同
厂家产品的互操作。

➤ 安全性、可靠性：要求系统和信息具有高安全性，
容错技术保证系统运行的可靠性。

➤ 经济性和实用性：技术和产品要实用，经济，要求
具有较高的性价比。

➤ 可集成性：系统具有实现集成的能力，子系统应留
有开放性的软件接口。

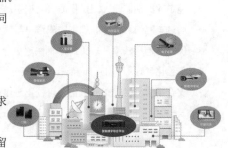

出入口系统-停车场系统

实行人车分流管理、人员通过
人员通道进出。进出人员通过
小区使用一卡通进行人脸识别

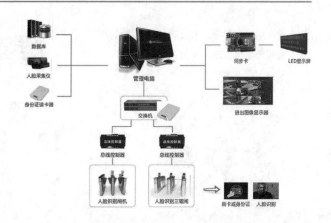

续图 3-20

出入口系统-停车场系统

实现功能

- 纯车牌识别，无人工操作的自动识别通行。
- 通过车牌的智能视频识别完成进出车辆验证、计费缴费、放行。
- 保证车辆捕获率——无牌车辆快速放行，同时抓拍车辆特征照片，形成记录。
- 角色化管理+终端式部署+丰富报表。
- 支持手持机管理车辆进出，可校正进出记录、缴费管理等。
- 云支付系统对接，通过多个方式提升缴费效率和缴费体验，缓解出口因排队缴费引起的拥堵现象，保证"快出"的要求，减缓了出口岗亭的收费压力，同时可以极大限度地减少前端现金缴费产生的弊端。

出入口系统-人员通道系统

实行人车分流管理、人员通过人员通道进出。进出人员通过小区使用一卡通进行人脸识别

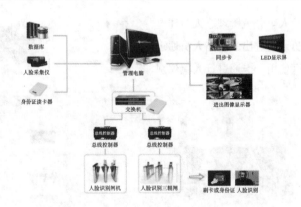

续图 3-20

出入口系统-人员通道系统

基本功能

进出权限管理

系统权限管理

分类清晰明确，用户权限设置灵活。可设置某人能过哪几个门，或者某人能过所有的门，也可设置某些人能过哪些门。

进出验证方式管理

进行进出方式的授权，进出方式通常有密码、读卡、指纹识别、人脸识别+密码等多种方式。也可以为任意几种方式的组合，如首卡开门、多（N+1）卡开门、 APP 预约访客开门、微信预约访客开门等。

远程开门

管理员可以在接到指示后，点击软件界面上的"远程开门"按钮远程地打开发送请求的门。

续图 3-20

3.9 评价反馈

评价反馈表如表 3-3 所示。

表 3-3 评价反馈表

班级： 姓名： 学号： 评价时间：

	项目		自己评价				同学评价				教师评价			
			A	B	C	D	A	B	C	D	A	B	C	D
评价内容	课前准备	信息收集												
		工具准备												
	课中表现	发现问题												
		分析问题												
		解决问题												
	任务完成	方案设计												
		任务实施												
		资料归档												
		知识总结												
	课堂纪律	考勤情况												
		课堂纪律												

续表

学生自我总结：

备注：A 为优秀，B 为良好，C 为一般，D 为不及格。

3.10　相关知识点

请学生将本模块所学到的知识点进行归纳，并写入表 3-4。

表 3-4　相关知识点

3.11 习题巩固

图 3-21 至图 3-25 所示的为常见 Visio 图形绘制，请学生熟练掌握。

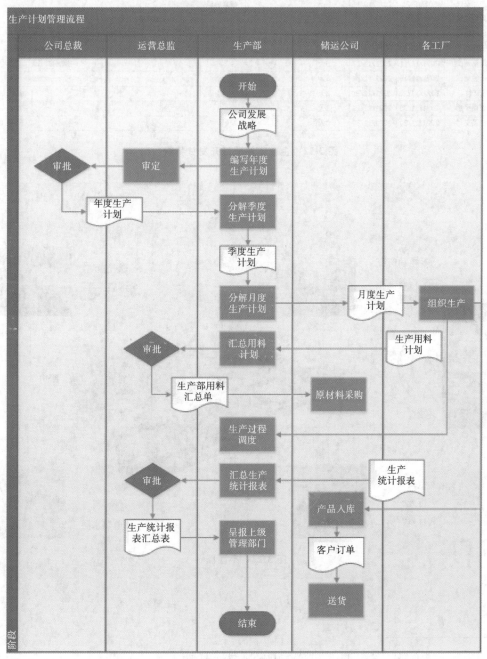

图 3-21 跨职能流程图

ID	任务名称	开始时间	完成时间	持续时间	2021年 9月				2021年 10月					2021年 11月				
					5日	12日	19日	26日	3日	10日	17日	24日	31日	7日	14日	21日	28日	12月
1	产品立项	2021/9/1	2021/9/20	14天			14天											
2	市场分析	2021/9/1	2021/9/7	5天	5天													
3	需求定义	2021/9/8	2021/9/16	7天		7天												
4	项目立项	2021/9/17	2021/9/20	2天		2天												
5	产品研发	2021/9/21	2021/11/10	37天				37天										
6	产品设计	2021/9/21	2021/10/11	15天				15天										
7	架构搭建	2021/10/12	2021/10/20	7天					7天									
8	代码编写	2021/10/21	2021/11/10	15天							15天							
9	产品测试	2021/11/11	2021/11/24	10天										10天				
10	内部测试	2021/11/11	2021/11/17	5天										5天				
11	上线测试	2021/11/18	2021/11/24	5天											5天			
12	产品交付	2021/11/25	2021/11/30	3天												3天		
13	使用手册	2021/11/25	2021/11/29	3天												3天		
14	产品交付	2021/11/30	2021/11/30	0天												0天		

图 3-22　企业软件项目开发甘特图 *

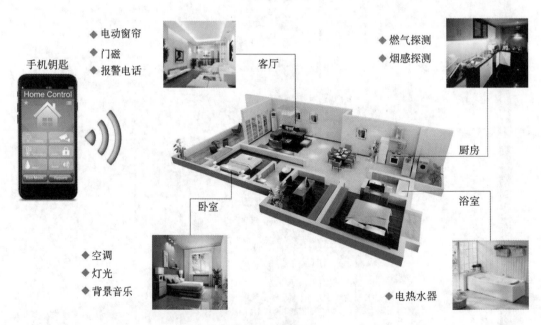

图 3-23　平面图

---

* 甘特图一般为企业项目管理用图，图中的持续时间不包含周六和周日。

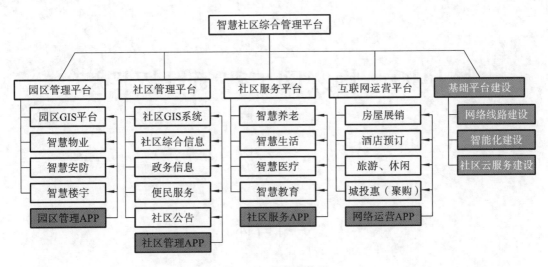

图 3-24　组织架构图

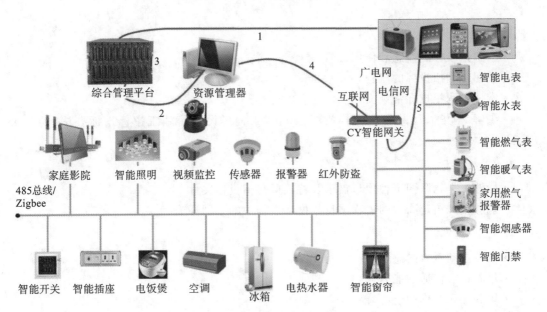

图 3-25　设备连接拓扑结构图

3.12　思政案例分享

思政案例分享见二维码。

模块四　物联网工程项目招投标

4.1　学习目标

1. 任务目标
- 了解招投标的概念和作用；
- 掌握工程招投标的流程；
- 掌握工程招投标常规文件的格式和内容；
- 了解《中华人民共和国招标投标法》和《工程建设项目施工招标投标办法》的相关规定。

2. 能力目标
- 能够根据物联网工程项目需求及特点撰写招投标文件；
- 能够模拟给定物联网工程项目招投标过程中的个别环节。

3. 素质目标
- 培养主动观察的意识；
- 培养积极沟通的能力；
- 培养团队合作的能力。

4. 思政目标
- 培养学生懂法、守法意识；
- 培养学生的团队意识精神。

4.2　学习情境描述

招标和投标是一种商品交易行为，是交易过程的两个方面，同时一系列的招投标方面的法律法规为招投标行业保驾护航。生活中的哪个行业都离不开招投标，像汽车、水利、银行、通信等。举个简单的例子,某公司要买 100 台计算机,但是不知道哪家供应商的计算机性价比高,于是该公司发布了一个公告,介绍了对供应商资格、计算机质量和价格的要求,让看到公告的供应商反馈计算机的报价和资料。该公司的行为实际上就是招标,供应商看到公告,按照要求发报价和资料的行为,实际上就是投标。

销售人员经常会接触到招投标,政府或企业大量采购汽车,安排员工的体检等,这些也都可能涉及招投标,综合理解,招投标是有法律保驾护航的商品交易行为。

招标和投标是基本建设领域促进竞争的全面经济责任制形式。一般由若干施工单位参与工程投标,招标单位(建设单位)择优入选,谁的工期短、造价低、质量高、信誉好,就把工程任务承包给谁,由承建单位与发包单位签订合同,一包到底。中国招标承包制的组织程序和工作环节主要有以下几个方面。

(1)编制招标文件。建设单位在招标申请批准后,需要编制招标文件,其主要内容包括:工程综合说明(工程范围、项目、工期、质量等级和技术要求等)及施工图、实物工程量清单、材料供应方式、工程价款结算办法、对工程材料的特殊要求、踏勘现场日期等。

(2)确定标底。由建设单位组织专业人员按施工图纸并结合现场实际,匡算工程总造价和单项费,然后报建设主管部门等审定。标底一经确定,应严格保密,任何人不得泄漏。如果有的招标单位不掌握和不熟悉编制标底业务,可以由设计单位和建设单位帮助代编,或由设计单位与建设单位联合组成招标和投标咨询小组,承担为招标单位编制标底等业务。标底不能高于项目批准的投资总额。

(3)进行招标和投标。招标和投标一般分为招标和报送标函、开标、评标、决标等几个步骤。

(4)签订工程承包合同。投标人按中标标函规定的内容,与招标人签订包干合同。合同签订后要由有关方面监督执行。合同经当地公证单位公证,受法律监督;也可以由建设主管部门和建设银行等单位进行行政监督。

4.3　知识准备

4.3.1　什么是招投标

招标:采购人事先提出货物、工程或服务的条件和要求,邀请多位投标人参加投标并按照规定程序从中选择交易对象的一种市场交易行为。

招标人与投标人:招标人是依照本法规定提出招标项目、进行招标的法人或者其他组织。投标人是响应招标、参加投标竞争的法人或者其他组织,依法招标的科研项目允许个人参加投标。

微课:v4-1
招投标基
础知识

4.3.2 哪些项目需要招投标

1. 必须招标的项目——按重要程度划分

第一条 为了确定必须招标的工程项目，规范招标投标活动，提高工作效率、降低企业成本、预防腐败，根据《中华人民共和国招标投标法》第三条的规定，制定本规定。

第二条 全部或者部分使用国有资金投资或者国家融资的项目包括：

（一）使用预算资金 200 万元人民币以上，并且该资金占投资额 10% 以上的项目；

（二）使用国有企业事业单位资金，并且该资金占控股或者主导地位的项目。

第三条 使用国际组织或者外国政府贷款、援助资金的项目包括：

（一）使用世界银行、亚洲开发银行等国际组织贷款、援助资金的项目；

（二）使用外国政府及其机构贷款、援助资金的项目。

第四条 不属于本规定第二条、第三条规定情形的大型基础设施、公用事业等关系社会公共利益、公众安全的项目，必须招标的具体范围由国务院发展改革部门会同国务院有关部门按照确有必要、严格限定的原则制订，报国务院批准。

第五条 本规定第二条至第四条规定范围内的项目，其勘察、设计、施工、监理以及与工程建设有关的重要设备、材料等的采购达到下列标准之一的，必须招标：

（一）施工单项合同估算价在 400 万元人民币以上；

（二）重要设备、材料等货物的采购，单项合同估算价在 200 万元人民币以上；

（三）勘察、设计、监理等服务的采购，单项合同估算价在 100 万元人民币以上。

同一项目中可以合并进行的勘察、设计、施工、监理以及与工程建设有关的重要设备、材料等的采购，合同估算价合计达到前款规定标准的，必须招标。

2. 什么情况下可以不需要招标？

（1）涉及国家安全、国家秘密或者抢险救灾的；

（2）属于利用扶贫资金实行以工代赈需要使用农民工的；

（3）施工主要技术采用特定的专有技术的；

（4）施工企业自建自用的工程，且施工企业资质等级符合工程要求的；

（5）在建工程追加的附属小型工程或者主体加层工程，原中标人仍具备承包能力的；

（6）法律、行政法规规定的其他情形。

3. 招投标的法律依据

（1）《中华人民共和国招标投标法》（该法于 1999 年 8 月 30 日通过，自 2000 年 1 月 1 日起施行）；

（2）《中华人民共和国政府采购法》（该法于 2002 年 6 月 29 日通过，自 2003 年 1 月 1 日起开始施行）；

（3）《工程建设项目施工招标投标办法》（2013 年修订）；

（4）《评标委员会和评标方法暂行规定》（2013 年修订）。

4.3.3 常见招标形式

公开招标：适用于国家明文规定的必须进行招标的项目。例如，全部或部分使用国家资金且达到一定数目的项目、国家重点项目、使用外国政府资金的项目等。

邀请招标：不适合公开招标的工程，对有能力的投标人发出邀请进行招标；某项目具有特殊性，只能从有限范围的供应商处采购的；招标方式费用占采购项目总价值的比例过大或公开采购的不能适应紧急需要的（不能少于三家）。

竞争性谈判：招标后没有供应商投标或者没有合格标底或者重新招标未能成立的；技术复杂或者性质特殊，不能确定详细规格或者具体要求的；采用招标所需时间不能满足用户紧急需要的（不能少于三家）。

单一来源或询价采购：不能事先计算出价格总额的。

招标的组织形式有自行招标、委托招标。

招标代理机构是依法设立、从事招标代理业务并提供相关服务的社会中介组织。

什么情况下可以采用邀请招标自行招标？

（1）项目技术复杂或有特殊要求，只有少量几家潜在投标人可供选择的；

（2）受自然地域环境限制的；

（3）涉及国家安全、国家秘密或者抢险救灾，适宜招标但不宜公开招标的；

（4）拟公开招标的费用与项目的价值相比，不值得的；

（5）法律法规规定不宜公开招标的。

4.3.4　现行招标体制

1.招投标的规矩从何而来？

1）法律法规

（1）《中华人民共和国招标投标法》（简称《招标投标法》）；

（2）《中华人民共和国政府采购法》（简称《政府采购法》）；

（3）各地方政府针对《招标投标法》和《政府采购法》的实施细则；

（4）各大部委的相关规定。

2）招标书文本

《世界银行贷款项目招标文件范本》。

2.经常遇到的招标"业主"有哪些？

1）政府

各大部委、各级政府及其所属机构。

2）企业

央企、大中小型国企、私企。

3）涉外

主要是在华外资机构或者中资机构在海外的项目。

3.各类型招标的特点

1）政府

有非常严格的流程和规定，一般采用委托招标的形式，尤其是采用中央预算内资金的项目。部分项目采用竞争性谈判的方式。

2）企业

一般央企和大型企业都有自己的招投标流程和规定。自行招标和委托招标两种都有，根据项目需要而定。竞争性谈判和单一来源采购很常见。

3）涉外

外资机构投标一般都用他们的工作语言，需要遵照他们的流程规定，很细致、很烦琐。

4.3.5 常见标术语解释

1. 投标保证金

为保证招投标活动的正常进行，投标人需在开标前或开标现场提交保证金（根据要求可为现金、汇票、支票等），并将其作为投标书的一部分，数额不得超过投标总价的 2%，且最高不超过 80 万元。

2. 履约保证金

履约保证金的主要作用是保证项目中标人完全履行合同，保证按合同约定的质量、标准和工期完成工程。其比例为工程造价的 5%～10%，具体执行比例由招标方根据工程造价情况确定。发包人应在竣工证书颁发后 28 天内把履约保证金退还承包人。

注意：一般企业在招标书中注明投标人中标后投标保证金将自动转为履约保证金。

3. 资格审查

资格审查可以分为资格预审和资格后审。

资格预审是指在投标前对潜在投标人进行的资质条件、业绩、信誉、技术、资金等多方面情况进行的资格审查。而资格后审是指在开标后对投标人进行的资格审查。

4. 流标

所谓流标，是指政府采购活动中，由于有效投标人不足三家或对招标文件实质性响应的不足三家，而不得不重新组织招标或采取其他方式进行采购的现象。

5. 开标

开标应在招标文件确定的提交投标文件截止时间的同一时间公开进行，开标地点应是招标文件中预先规定的地点。开标由招标人主持，邀请所有投标人参加。

开标时，有投标人或者其推选的代表检查投标文件的密封情况，也可由招标公证机构检查并公证，由工作人员当众拆封投标文件，宣读所有投标文件的投标人名称、投标价格和投标文件内容，开标过程应当记录并存档备查。开标前，招标人有权验证所有投标人的身份及相关证件，对不符合招标文件规定或不属于邀请对象的，可以在开标前当众宣布其投标人无效，并废除其相应的投标文件。

开标前，招标人有权对外表标识不清的投标文件做出废标处理，但投标人能立即更正的，招标人不得借故排挤其投标人的公平竞争权利。在宣读投标文件的过程中，投标人有权更正宣读人的错误，但不得更改投标文件中的内容。

6. 评标

一般情况下，招标人在开标后立即要求所有的投标人在规定的同等时间内，针对本次投标活动，向评标委员会成员进行简单扼要的陈述，这种陈述不得改变原投标文件中的原则性内容，主要是口头介绍投标人的资格、生产规模、质量保证、产品性能、业绩等，一般时间控制在 10 min 内。

评标由招标人组建评标委员会，成员人数在五人以上单数，其中技术、经济等方面的专业人员不少于总人数的三分之二。成员名单在中标结果确定前应当保密。招标人应采取措施保证评标不受任何个人、单位的干预。

评标一般分两方面评审,即技术评审和商务评审。技术评审主要是针对技术投标文件中,为满足招标文件的技术要求,审查投标人的技术保证能力及产品的质量保证能力。商务评审主要是评审产品报价、合同条款等商务上的保证能力。评审标准应是在招标文件发出前预先制定好的。

评标委员会可以要求投标人对投标文件中含义不明确的内容进行必要的澄清或者说明,评标委员会按既定的评定标准和方法进行评审,应向招标人提出书面评标报告,并推荐合格的中标候选人,由招标人确定中标人。评标委员会评审认为所有投标文件均不符合招标文件要求的,可以否决所有投标文件,招标人应重新招标。

评标委员会认为所有投标文件中某一部分不符合招标文件要求的,可以向所有投标人澄清后,由投标人立即补充相关内容,但这种补充不得改变原投标文件其他内容。

在确定中标人前,招标人和投标人不得就投标价格、投标方案等实质性问题进行交流,评审委员会成员不得私下接触投标人。

所有评审人员及工作人员均不得透露对投标文件的评审、比较、中标候选人名单及与评审有关的其他情况。

7.中标

中标人确定后,招标人应向中标人发出中标通知书,并同时将中标结果通知其他未中标投标人。中标通知书对招标人和投标人都具有法律效力,招标人改变中标结果或投标人解除(放弃)中标项目应依法承担责任。招标人对未中标的投标人不存在其他任何未中标的解释。

招标人和中标人应自中标通知书发出之日起 30 日内按照招标文件和中标通知书内容签订合同,招标文件中要求交纳履约保证金的,中标人应按时交纳。

未中标人已交纳的投标保证金,在中标通知书发出后,招标人应全额返回,原购买招标文件的费用投标人自理。

中标人应按合同约定履行义务,完成中标项目,中标人不得转包中标项目,也不得将中标项目肢解后分别向他人转让,中标人只有按照合同约定或经招标人同意,可以将中标项目中非关键性工作分包他人完成,分包人不得再次分包。

8.分包

对投标项目的部分非主体、非关键性工作进行分包的,前提条件为:①施工资质符合;②招标方同意。

9.联合体投标

两个以上法人或者其他组织可以组成一个联合体,以一个投标人的身份共同投标;由同一专业的单位组成的联合体,按照资质等级较低的单位确定资质等级;联合体各方与招标人签订合同,就中标项目向招标人承担连带责任。

10.标底

标底是指招标人根据招标项目的具体情况编制的完成招标项目所需的全部费用,这是依据国家规定的计价依据和计价办法计算出来的工程造价,是招标人对建设工程的期望价格。标底由成本、利润、税金等组成，一般应控制在批准的总概算及投资包干限额内。

标底一般由招标单位委托、由建设行政主管部门批准、具有与建设工程相应造价资质的中介机构代理编制，标底应客观、公正地反映建设工程的预期价格，也是招标单位掌握工程造价的重要依据，使标底在招标过程中显示出其重要作用。因此，标底编制的合理性、准确性直接影响工程造价。

11. 串标

1)投标人之间串标

投标人之间相互约定抬高或压低投标报价;投标人之间相互约定，在招标项目中分别以高、中、低价位报价;投标人之间先进行内部"竞价"，内定中标人，然后再参加投标;某一投标人给予其他投标人以适当的经济补偿后，这些投标人的投标均由其组织，不论谁中标，均由其承包。

2)投标人与招标人串标

招标人在开标前开启投标文件，并将投标情况告知其他投标人，或者协助投标人撤换投标文件，更改报价;招标人向投标人泄漏标底;招标人商定，投标时压低或抬高标价，中标后再给投标人或招标人额外补偿;招标人预先内定中标人;招标人为某一特定的投标人量身定做招标文件，排斥其他投标人。

12. 工程量清单

(1)工程量清单是把承包合同中规定的准备实施的全部工程项目和内容，按工程部位、性质，以及它们的数量、单价、合价等通过列表表示出来，用于投标报价和中标后计算工程价款的依据，工程量清单是承包合同的重要组成部分。

(2)工程量清单按照招标要求和施工设计图纸要求，将拟建招标工程的全部项目和内容依据统一的工程量计算规则，计算部分项工程实物量，列在清单上作为招标文件的组成部分，供投标单位逐项填写单价用于投标报价。

(3)工程量清单，严格地说不单是工程量，工程量清单已超出了施工设计图纸量的范围，它由分部分项工程量清单、措施项目清单、其他项目清单、规费税金组成。

13. 商务标

商务标是指投标人提交的证明其有资格参加投标和中标后有能力履行合同的文件，包括公司的资质、执照、获奖证书等。

投标中，商务标是准入，经济标是入围，技术标是投标中的最后一环。

应对招标文件，如果没有规定，商务标应该有以下内容:

(1)法定代表人身份证明;

(2)法人授权委托书(正本为原件);

(3)投标函;

(4)投标函附录;

(5)投标保证金交存凭证复印件;

(6)对招标文件及合同条款的承诺及补充意见;

(7)工程量清单计价表;

(8)投标报价说明；

(9)报价表；

(10)投标文件电子版(U 盘或光盘)；

(11)企业营业执照、资质证书、安全生产许可证等。

14.经济标

经济标是指与设计方案相对应的具体工程报价及报价说明，主要是预算报价部分，即结合自身和外界条件对整个工程的造价进行报价。经济标是整个投标的重中之重。

15.技术标

技术标是指全部施工组织设计的内容，包括技术方案、产品技术资料、实施计划、质量保证措施、安全保证措施、工期保证措施、文明施工措施等。

4.3.6　现行的一般招投标流程

现行的一般招投标流程如下：

(1)采购人编制计划，报批；

(2)采购人与招标代理机构办理委托手续(招标公司)；

(3)编制招标文件(招标公司)；

(4)发布招标公告或发出招标邀请函(招标公司)；

(5)出售招标文件，购买招标文件(资格预审文件)；

(6)开标(递交投标文件，唱标)；

(7)由评标委员对投标文件评标；

(8)确定中标人，采购人确认，发布中标公告；

(9)代理机构向中标人发送中标通知书；

(10)组织中标人与采购单位签订合同；

(11)领取合同(交纳中标服务费、履约保证金)。

流程图如图 4-1 和图 4-2 所示。

微课：v4-2
一般的招
投标流程

4.3.7　现行评标方法与评标体制

所谓评标，是指由评标委员会根据招标文件规定的评标标准和方法，通过对投标文件进行系统的评审和比较，向招标人提出书面评标报告并推荐中标候选人，或者根据招标人的授权直接确定中标人的过程。

1.评标的原则与基本要求

1)评标基本原则

公平、公正、科学、择优。

2)基本要求

(1)评标由评标委员会负责；

(2)评标委员会的人数、成员构成、资格条件必须符合法定要求；

(3)与招标项目有直接利害关系的专家不得进入相关项目的评标委员会；

(4)评标委员会成员名单在中标结果确定前应当保密；

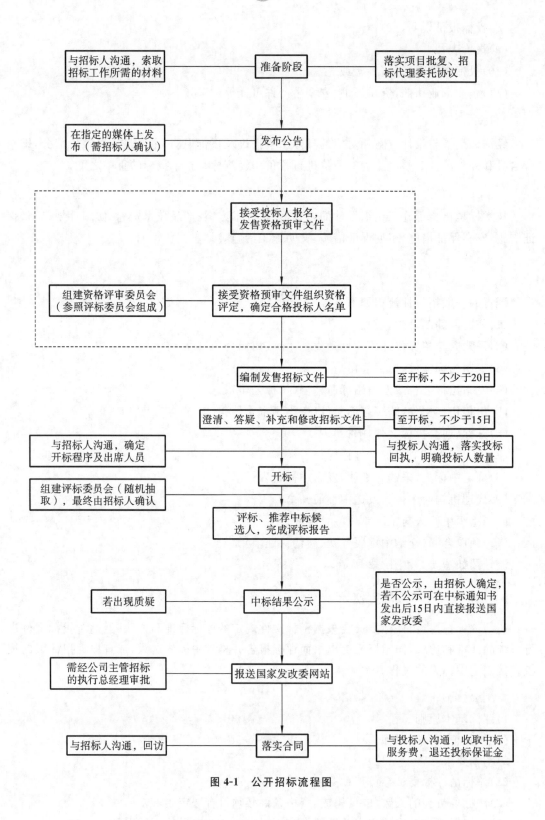

图 4-1 公开招标流程图

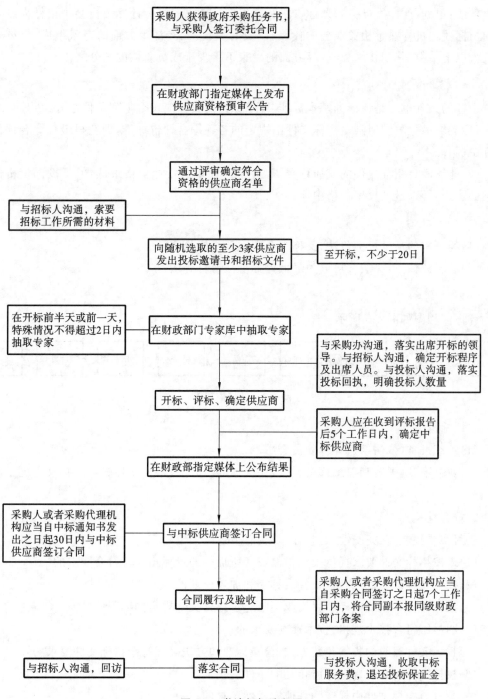

图 4-2 邀请招标流程图

（5）评标标准和评标方法，必须按标书中公开载明的条款，不得随意改变；

（6）评标活动应在保密的情况下进行；

（7）评标活动及其当事人应当接受依法实施的监督；

（8）任何单位和个人不得非法干预、影响评标的过程与结果；

(9)澄清要通过书面方式进行,澄清和说明不得改变投标文件实质性内容。

备注:根据《评标委员会和评标方法暂行规定》第九条规定:评标委员会由招标人或其委托的招标代理机构熟悉相关业务的代表,以及有关技术、经济等方面的专家组成,成员人数为五人以上单数,其中技术、经济等方面的专家不得少于成员总数的三分之二。

2.中标的条件

中标的条件也就是评标的基本标准,即中标人的投标应符合下列条件之一:

(1)能够最大限度地满足招标文件中规定的各项综合评价标准,即获得最佳综合评价的投标中标;

(2)能够满足招标文件的实质性要求,并且经评审的投标价格最低,但是投标价格低于成本的除外,即以最低投标价格中标。

3.评标方法

(1)经评审的最低投标价法,又称为合理最低投标价法。

(2)综合评估法,一般又可分为最低评标价法或打分法。

4.评标流程

评标流程图如图 4-3 所示。

图 4-3 评标流程图

1)评标准备

(1)组织准备(依法组建评标委员会);

(2)业务准备(了解和熟悉标书要求、评标标准与方法、未实质性响应招标文件的七种情况)。

2)符合性检查

是否实质性响应、完整性、有效性,是否有下述重大偏差:

(1)未按招标文件要求提供投标担保或者所提供的投标担保不符合要求的;

(2)投标文件没有投标人授权代表签字和加盖公章的;

(3)投标文件载明的招标项目完成期限超过招标文件规定的期限的;

(4)明显不符合技术规格、技术标准要求的;

(5)投标文件载明的货物包装方式、检验标准和方法等不符合招标文件要求的;

(6)投标文件附有招标人不能接受的条件的;

(7)不符合招标文件中规定的其他实质性要求的。

3)商务评审

有无与标书合同条款相悖的条款、重大保留条款等。

4)技术评议

技术能力与实力,施工方案的可行性、先进性,施工进度计划及保证措施的可靠性,质量保证体系及其措施的完整性,劳动力、设备、材料、构件及安全措施等。

5）投标文件澄清

内容略。

6）价格评标

投标价的校核、分析单价构成的合理性、有无严重不平衡报价，如果有标底，则参考标底进行对比分析。

7）资格后审

内容略。

8）综合评议

推荐中标候选人。

按招标文件规定，若采用的是合理最低投标价法，能满足招标文件实质性要求，并且经评审的最低投标价的投标，应当推荐为中标候选人。

若采用的是综合评标法，最大限度满足招标文件中规定的各项综合评价标准的投标，应当推荐为中标候选人。在实际运作中，其具体做法各有不同。但总的来说，都是对技术部分和商务价格部分进行量化后，评标委员会对这两部分的量化结果进行加权，计算出每一投标的综合评估价或者综合评估分，以便进行比较和排序。

9）编写评标报告

编写评标报告，并经评标委员会全体成员签字后提交给招标人（或招标代理机构）。

4.3.8　定标

（1）所谓定标，就是招标人根据评标委员会的评标报告，在推荐的中标候选人（1～3人）中最后核定中标人的过程。招标人也可以授权评标委员会直接确定中标人。

（2）使用国有资金投资或者国家融资的项目，招标人应确定排名第一的中标候选人为中标人。只有当第一名放弃中标、因不可抗力提出不能履行合同或在规定期限内未能交履约保证金的，招标人可确定第二名中标人，以此类推。

（3）在确定中标人之前，招标人不得与投标人就投标价格、投标方案等实质性内容进行谈判。

4.3.9　中标通知书

（1）中标人确定后，招标人应当向中标人发出中标通知书，并告知中标人应在30个工作日之内与招标人签订合同。

（2）中标通知书对招标人和中标人具有法律约束力，中标通知书发出后，招标人改变中标结果或中标人放弃中标的，应当承担法律责任。

（3）招标人应将招标结果通知未中标人。

（4）采用委托招标的，应按规定按时间向招标代理机构交中标服务费。

4.3.10　签订合同

（1）招标人（通常是采购的买方或发标的业主）和中标人应当自中标通知书发出之日起，在30个工作日内签订买卖合同或工程承包的书面合同。

（2）招标人应当按照招标文件和中标人的投标文件签订书面合同。

（3）招标文件要求中标人提交履约保证金的，中标人应当提交。

（4）招标人与中标人签订合同后 5 个工作日内，应当向中标人和未中标人退还投标保证金。

（5）中标人不与招标人签订合同的，投标保证金不予退还并取消其中标资格，给招标人造成损失超过保证金数额的，应当对超过部分予以赔偿。

（6）转让与分包的规定。在招标任务完成后，应当按照规定向有关行政监督部门提交招投标情况的书面报告。

4.4　任务书

本模块通过招投标流程和注意事项的讲解，使学生掌握招投标的工作流程，然后分组完成规定的标书制作，采用现场模拟招投标的方式进行演练，并确定最终的供应商。

4.5　任务分组

任务分组如表 4-1 所示。

表 4-1　任务分组表

班级		组别		指导老师	
组 员 列 表					
姓名	学号	任 务 分 工			

4.6　工作准备

　　学生按照各自划分的小组进行公司团队组建,要求有投标企业法定代表人或投标授权委托人、投标文件编制人、投标方项目经理,主持人、公证人、记录人员、监督人员,招标人(业主)、评标专家(技术、经济等方面)、检查人员等,发布招标公告,提交标书,进行开标大会,评选中标单位,模拟完整的招投标流程。

4.7　引导问题

4.7.1　招标公告的发布

微课:v4-3
招投标注
意事项

　　招标人采用公开招标方式的,应当发布招标公告。《中华人民共和国招标投标法》第十条规定,公开招标,是指招标人以招标公告的方式邀请不特定的法人或者其他组织投标。发布招标公告,是公开招标最显著的特征之一,也是公开招标的第一个环节。招标公告在何种媒介上发布,直接决定了招标信息的传播范围,进而影响到招标的竞争程度和招标效果。但是无论如何,凡是采用公开招标方式的,都必须发布公告,这是世界各国的通行做法。

　　招标公告的主要作用是发布招标信息,使那些感兴趣的供应商或承包商知悉,前来购买招标文件,编制投标文件并参加投标。因此,招标公告包括哪些内容,或者至少应包括哪些内容,对潜在的投标人来说是至关重要的。

　　招标公告应具备以下内容。

　　(1)招标人的名称和地址。这是对招标人情况的简单描述。

　　(2)招标项目的性质、数量、实施地点和时间。招标项目的性质,是指项目属于基础设施、公用事业项目,或者使用国有资金投资的项目,或者利用国际组织或外国政府贷款、援助资金的项目;是土建工程招标,或是设备采购招标,或勘察设计、科研课题等服务性质的招标。

　　(3)获取招标文件的办法。主要是对发售招标文件的地点、负责人、标准、招标文件的邮购地址及费用、招标人或招标代理机构的开户银行及账号等资料的获取,具体可参照招标公告发布的信息,如图4-4所示。

图 4-4　招标公告示例

4.7.2　招标文件的编制

招标文件是供应商准备投标文件和参加投标的依据,同时也是评标的重要依据,因为评标是按照招标文件规定的评标标准和方法进行的。此外,招标文件是签订合同所遵循的依据,招标文件的大部分内容要列入合同。因此,准备招标文件是非常关键的环节,它直接影响采购的质量和进度。

招标文件至少应包括以下内容。

(1)招标通告。

(2)投标须知,即具体制定投标的规则,使投标商在投标时有所遵循。投标须知包括以下主要内容。

①资金来源。

②如果没有进行资格预审的,要提出投标商的资格要求。

③货物原产地要求。

④招标文件和投标文件的澄清程序。

⑤投标文件的内容要求。

⑥投标语言,尤其是国际性招标,由于参与竞标的供应商来自世界各地,必须对投标语言做出规定。

⑦投标价格和货币规定。对投标报价的范围做出规定,即报价应包括哪些方面,统一报价口径便于评标时计算和比较最低评标价。

⑧修改和撤消投标的规定。

⑨对标书格式和投标保证金的要求。

⑩评标的标准和程序。

⑪国内优惠的规定。

⑫投标程序。

⑬投标有效期。

⑭投标截止日期。

⑮开标的时间、地点等。

4.7.3 投标文件的编制

投标文件的编制内容如下。

(1)资格证明材料。

①法定代表人身份证明。

②投标文件签署授权委托书。

③投标函。

④投标函附录。

⑤投标承诺书。

⑥投标担保银行保函。

(2)商务标。

①工程量清单报价表。

②投标总价。

③投标报价说明。

④单位工程费汇总表。

⑤工程措施项目清单计价表。

⑥分部分项工程量清单综合单价分析表。

(3)技术标。

①施工组织设计:

a.主要施工机械设备表;

b.劳动力计划表;

c.计划开工、竣工日期,施工进度网络图;

d.施工总平面布置图。

②工程量清单。

(4)工程量计算书。

4.7.4 投标文件注意事项

(1)获取招标文件后,不要急于制作投标文件,要先仔细阅读分析招标文件内容;

(2)符合招标人规定的格式和内容;

(3)按规定填写投标书后,如未能全面准确表达自己的意思,可另附补充说明;

(4)有不明之处,应及时质疑,要求澄清;

(5)注意审核,消除瑕疵,力求精美;

(6)把握好时间节点,确保按时提交。

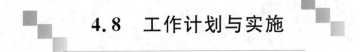

4.8 工作计划与实施

学生根据以下招标文件要求制作标书。

人工智能学院
校园信息化建设采购

招 标 文 件

招标编号：RGZN-2020AI1126

招标人：人工智能学院

招标代理机构：ICT营销技能虚拟招标公司

××年 ×× 月

目　　录

招标文件节选

第一章　招标公告

（招标编号：RGZN-2020AI1126）

　　ICT营销技能虚拟招标公司受人工智能学院委托，就校园信息化建设采购进行公开招标采购，兹邀请合格投标人投标。

1.1　项目名称及编号

　　项目名称：人工智能学院校园信息化建设采购。

　　招标编号：RGZN-2020AI1126。

1.2　采购需求

采购需求如表 4-2 所示。

表 4-2　采购需求表

品目号	货物名称	技术参数	数量
1	人工智能学院校园信息化建设采购	详见招标文件	1 项

采购预算为 300 万元人民币。投标人的投标报价不得超过该预算,否则做无效投标处理。

1.3　合格的投标人必须符合的条件

(1)符合《政府采购法》第二十二条规定的条件,并提供下列材料:

①法人或者其他组织的营业执照等证明文件;

②具备履行合同所必需的设备和专业技术能力的证明材料;

③参加政府采购活动前三年内在经营活动中没有重大违法记录的书面声明;

④供应商需具备计算机系统集成三级及以上资质。

(2)其他资格要求:未被"信用中国"网站(www.creditchina.gov.cn)列入失信被执行人、重大税收违法案件当事人名单、政府采购严重失信行为记录名单。

(3)本项目不接受联合体投标,中标后不允许分包、转包(不分包、转包的承诺)。

(4)本项目不接受进口产品投标。

1.4　招标文件获取的时间、地点、方式等

(1)获取招标文件时间:××年××月××日至××年××月××日(节假日除外),上午 8:30—11:30,下午 14:00—17:00(北京时间)。课堂模拟中,根据具体时间来确定。

(2)获取招标文件网址:http://www.××.edu.cn。

(3)招标文件售价:免费;若邮购,邮费自理,招标文件售后不退。

(4)购买招标文件须携带的材料:由法定代表人签字并盖有公章的授权委托书原件,经办人的身份证原件及复印件。

1.5　投标文件递交

投标文件接收时间:××年××月××日下午 12:30—13:30(北京时间)。

投标截止时间:××年××月××日下午 13:30(北京时间),过时拒收。请各投标人于开标当天投标截止时间前将投标文件送至开标现场。

投标文件接收地点:××学院国际交流中心会议室。

联系人:××。

联系电话:××。

本项说明:请各投标人务必准时将投标资料在规定时间内送抵指定接收地点,过时将以废标处理,评分时将参照评分标准扣除对应分值。

1.6　开标有关信息

开标时间:××年××月××日下午 13:30(北京时间)。

开标地点:××学院国际交流中心会议室 C401。

1.7 本次招标联系事项

招标人:人工智能学院。

地址:××。

联系人:××。

电话:××。

1.8 招标代理机构信息

单位名称:ICT营销技能虚拟招标公司。

地址:××。

联系人:××。

联系电话:××。

传真:××。

电子邮箱:××。

账户名:ICT营销技能虚拟招标公司。

开户银行:××银行××路支行。

人民币账号:××。

1.9 公告发布媒体

××学校官网(http://www.××.edu.cn)。

1.10 其他

公告期限:3个工作日。

第二章 投标人须知

投标人须知如表4-3所示。

表4-3 投标人须知

序号	主要内容
1	项目名称:人工智能学院校园信息化建设采购 招标人:人工智能学院 联系人:×× 电话:188××××××××
2	招标代理机构:ICT营销技能虚拟招标公司 联系人:×× 联系电话:177×××××××× 传真:××
3	招标方式:公开招标
4	招标内容:按照招标人需求及目标,提供相关货物及服务
5	标前会及现场踏勘:不组织,投标人可自行前往踏勘
6	投标语言:中文 投标货币:本次招标只接收人民币报价

续表

序号	主要内容
7	投标保证金:本项目不需要投标保证金
8	投标有效期:投标截止日后 30 日
9	递交投标文件的数量: 正本,一份;副本,四份;电子版本,一份;投标文件需标注连续页码
10	投标文件递交截止时间及开标时间:××年××月××日下午 13:30(北京时间) 投标文件递交及开标地点:××学院国际交流中心会议室
11	资格审查方式:资格后审,开标后根据招标文件中要求的资格条件对各投标人进行资格审查,不符合招标文件要求的投标人做投标无效处理
12	采购预算:300 万元人民币。投标人的投标报价不得超过该预算,否则做无效投标处理
13	评标和定标:本项目采用综合评分法
14	中标候选人:按照最终得分由高到低排序,推荐前三名 中标人:1 名
15	合同签订时间:在中标通知书发出后 30 日之内

2.1　总则

内容略。

2.2　招标文件

投标人应认真阅读招标文件中所有的事项、格式、条款和规范等要求。按招标文件要求和规定编制投标文件,并保证所提供的全部资料的真实性,以使其投标文件对招标文件做出实质性响应,否则其风险由投标人自行承担。

2.3　投标文件的编制

2.3.1　投标文件构成

投标文件应包括下列部分(目录及有关格式按照招标文件第六章"投标文件格式"要求):

(1)投标函、投标报价及相关文件。

(2)供应商资格证明文件。

(3)其他相关文件。

若供应商未按招标文件的要求提供资料,或未对招标文件做出实质性响应,将导致投标文件被视为无效。

2.3.2　投标文件编制

(1)投标人应当根据招标文件要求编制投标文件,并根据自己的商务能力、技术水平对招标文件提出的要求和条件逐条标明是否响应。投标人应保证其在投标文件中所提供的全部资料的真实性。

(2)投标人提交的投标文件和资料,以及投标人与招标代理机构就有关投标的所有来往函电均应使用中文。

（3）投标人所使用的计量单位应为国家法定计量单位。报价应用人民币报价。

（4）投标文件应按照招标文件规定的顺序，统一用 A4 纸打印、装订成册并编制目录，由于编排混乱导致投标文件被误读或查找不到，责任由投标人承担。

2.3.3　投标保证金（本次项目不需要）

投标保证金作为招标文件的一部分，供应商应提供足额保证金。投标保证金有效期应当与招标文件有效期一致。

下列任何情况发生时，投标保证金将被没收：

（1）投标人在投标有效期内撤回其投标；

（2）投标人提供的有关资料、资格证明文件被确认是不真实的；

（3）投标人之间被证实有串通（统一哄抬价格）、欺诈行为；

（4）投标人被证明有妨碍其他人公平竞争、损害招标人或者其他投标人合法权益的；

（5）中标人在规定期限内未能根据规定签订合同的；

（6）中标人在规定期限内不同意交纳履约保证金的。

2.3.4　投标有效期

内容略。

2.3.5　投标文件份数和签署

内容略。

2.4　投标文件的递交

2.4.1　投标文件的密封和标记

（1）投标人的投标文件正本和所有副本均须密封（U 盘封在正本中，开标结束退还 U 盘），并加盖投标人公章。不论投标人中标与否，投标文件均不退回。

（2）为方便开标时唱标，投标人还应将"开标一览表"（一式两份）单独用封套加以密封。

（3）封套上均应写明：招标人名称、招标代理机构名称、招标项目名称、投标人的全称、并加注"××年××月××日 13:30 前不得启封"字样，并由法人代表或被授权人签字。

（4）投标文件的封套未按规定封装的，招标代理机构不对投标文件被错放或先期启封负责。

2.4.2　投标文件的修改和撤回

（1）投标人在递交投标文件后，可以修改或撤回其投标文件，但这种修改和撤回，必须在规定的投标截止时间前，以书面形式通知招标代理机构，修改或撤回其投标文件。

（2）投标人的修改或撤回文件应按规定进行编制、密封、标记和发送，并应在封套上加注"修改"和"撤回"字样。修改文件必须在投标截止时间前送达招标代理机构。

（3）在投标截止时间后，投标人不得对其投标文件做任何修改。

（4）在投标截止时间至招标文件中规定的投标有效期满之间，投标人不得撤回其投标，否则其投标保证金将被没收。

2.5 开标与评标

2.5.1 开标

（1）招标代理机构将在招标文件中规定的时间和地点组织公开开标。投标人应委派携带有效证件的代表准时参加，参加开标的代表需签名以证明其出席。

（2）开标仪式由招标代理机构主持，招标人代表、投标人代表及有关工作人员参加。

（3）按照规定同意撤回的投标将不予开封。

（4）开标时由投标人或其推选的代表查验投标文件密封情况，确认无误后，招标代理机构当众拆封宣读每份投标文件中"开标一览表"的各项内容，未列入开标一览表的内容一律不在开标时宣读。开标时未宣读的投标报价信息，不得在评标时采用。

（5）招标代理机构将指定专人负责做开标记录并存档备查，开标记录包括在开标时宣读的全部内容。

（6）投标人在报价时不允许采用选择性报价，否则将被视为无效投标。

2.5.2 评标

（1）开标后，招标代理机构将立即组织评标委员会（简称评委会）进行评标。

（2）评委会由评委专家代表组成，且人员构成符合政府采购有关规定。

（3）评委会应以科学、公正的态度参加评审工作并推荐中标候选人。评审专家在评审过程中不受任何干扰，独立、负责地提出评审意见，并对自己的评审意见承担责任。

（4）评委会将对投标人的商业、技术秘密予以保密。

（5）最低投标价等任何单项因素的最优不能作为中标的保证。

（6）公开开标后，直至向中标的投标人授予合同时止，凡是与审查、澄清、评价和比较投标的有关资料及授标建议等，均不得向投标人或与评标无关的其他人员透露。

（7）在评标过程中，如果投标人试图向招标代理机构、招标人和参与评标的人员施加任何影响，都将会导致其投标被拒绝。

2.5.3 无效投标条款和废标条款

2.5.3.1 无效投标条款

（1）未按照招标文件的规定提交投标保证金的（不适用）；

（2）投标文件未按照招标文件规定要求签署、盖章的；

（3）不具备招标文件中规定资格要求的；

（4）报价超过招标文件中规定的预算金额或者最高限价的；

（5）投标文件含有采购人不能接受的附加条件的；

（6）不符合法律法规和招标文件中规定的其他实质性要求的；

（7）其他法律法规和招标文件规定的其他无效情形。

2.5.3.2 废标条款

（1）符合专业条件的投标人或者对招标文件做实质响应的投标人不足三家的；

（2）出现影响采购公正的违法、违规行为的；

（3）投标人的报价均超过了采购预算，招标人不能支付的；

（4）因重大变故，采购任务取消的。

2.6 定标

内容略。

2.7　授予合同

内容略。

2.8　投标纪律

内容略。

第三章　合同条款及格式

内容略。

第四章　项目需求

4.1　概述

人工智能学院随着高校信息化建设快速发展,结合学校在建的"品牌专业建设"验收目标,学校准备完善教学资源管理平台,加强平台上信息化课程资源建设。教师利用"ICT产教融合创新基地"建设内容制作相关教学资源来完成信息化资源课程建设。在教学资源建设过程中,学校计划建设一个功能丰富的智慧演播中心,通过虚拟3D、2D等多场景演播环境,用于教师录制教学视频和微课。系统要求:①快捷部署、无需专业装修,环境适应性强;②操作简单,不需要专业人员操作;③演播场景可定制,针对不同专业背景提供不同专业演播场景;④视频清晰度高,实现专业视频录制效果。

同时,因管理要求,出入口管理压力较大,尤其周末和节假日,学生流动频繁,安保工作存在安全隐患。学校需要加强对进出人员的管理,为做好科学管控,保障人车出行安全,学校在南北出入口建设出入口控制系统,具体功能要求实现智能测温、智能身份核验、出入控制,不下车身份核验,落实对进出人(教师、学生)车进行逐一检查、测量体温并进行手工信息登记,同时落实外来人员预约拜访登记制度。南门车行道二进二出,人行道二进二出,具体如图4-5(a)所示。北门车行道三进三出,人行道三进三出,具体如图4-5(b)所示。南北门卫室均有百兆校园网络提供接入。

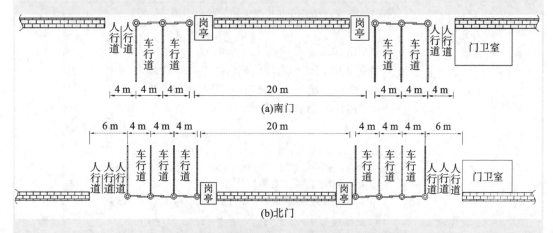

图4-5　人工智能学院南北门车行道、人行道示意图

4.2　具体要求

(1)虚拟演播系统设备清单如表4-4所示。

表 4-4　虚拟演播室设备清单

序号	设备名称		参数要求	数量	单位
1	虚拟演播主机		(1)支持 3D、2D 动静态、微课等多场景,且根据用户需求可定制场景; (2)支持虚拟技术,通过一台摄像机虚拟出多机位、多角度的拍摄效果; (3)支持字母、台标叠加功能; (4)支持两路外部可视信号的接入,一路为高清摄像机,一路为高清 VGA 或其他高清可视信号; (5)支持互联网直播发布,且支持远程互动	1	套
2	矩阵切换器		(1)4 路 HDMI 输入输出、每路支持 4K 画质; (2)每路音频输出带有独立的音量控制; (3)支持无缝切换,支持红外控制	1	台
3	高清摄像机		(1)采用 1/2.8 英寸高品质图像传感器,最大分辨率可达 1920 像素×1080 像素,输出帧率高达 60 fps; (2)支持 12 倍光学变焦,支持 16 倍数字变焦; (3)采用高精度步进电机及精密电机驱动控制器,确保云台低速运行平稳,并且无噪声; (4)支持多达 255 个预置位(遥控器设置调用为 10 个)	2	台
4	灯光系统	背景灯	功率 24 W、色温 4000 K、散射角 30°	1	只
			功率 15 W、色温 4000 K、散射角 24°	1	只
		主光源	功率 24 W、色温 4000 K、散射角 30°	1	只
			功率 15 W、色温 4000 K、散射角 24°	1	只
		补光灯	(1)采用 LED 光源,超大光照角度; (2)采用不低于 96 颗 5500 K 色温贴片 LED 和 96 颗 3200 K 色温贴片 LED,且在 3200~5500 K 任意可调; (3)采用超高显色指数贴片 LED,RA 平均值大于 95,接近自然光	2	只
5	音频系统		(1)接收器方式,二次变频超外差; (2)中频频率,第一中频 110 MHz,第二中频 10.7 MHz; (3)无线接口 BNC/50 Ω,灵敏度 12 dBμV(80 dBS/N),灵敏度调节范围 12~32 dBμV,杂散抑制>75 dB,最大输出电平+10 dBV	1	套
6	背景幕布		4 m×6 m,绿色	1	张

（2）出入口控制系统。

南门车行道二进二出，人行道二进二出。北门车行道三进三出，人行道三进三出，具体如图 4-5 所示，人工智能学院南北门车行道、人行道示意图。

具体功能要求实现智能测温、智能身份核验、出入控制、不下车身份核验。视频清晰度不低于 720 P，人脸识别率不低于 95%。

第五章　评标方法与评标标准

评标方法与评标标准如表 4-5 所示。

表 4-5　评标方法与评标标准

序号	项目	分值/分	描述
1	投标文件编制	25	响应招标文件要求，内容设计合理，条理清晰（该项共 10 分，内容合理完善，响应招标文件要求，无缺项，得 10 分，缺一项扣 2 分，扣完为止）；编订及封装符合招标文件要求（该项共 10 分）；示意清楚，排版整齐、规范且美观（该项共 5 分）
2	投标人情况	5	企业具备相应资质及技术能力，凸显竞争优势（该项共 5 分，递交投标文件时，未提供原件（资质文件彩色打印稿）审核，该项不得分。资质文件审核通过且资质文件响应招标文件要求，且凸显优势，得 5 分）
3	成功案例	5	是否提供类似案例及案例的实施情况（该项共 5 分，递交投标文件时，未提供合同文件审核，该项不得分。合同文件审核通过且合同文件响应招标文件要求，得 5 分）
4	技术方案设计	20	技术方案设计合理，响应招标文件要求，得 20 分，技术偏离表每偏离一项扣 2 分，扣完为止
5	施工组织设计	5	施工组织设计合理（该项共 2 分，设计合理得 2 分），项目实施计划规范（该项共 2 分，计划规范得 1 分），具有完善的项目实施保障措施（该项共 1 分，保障措施完善得 1 分）
6	售后服务体系	5	售后服务体系具体且完善（该项共 3 分，具体详细得 3 分），体现具有优势（该项共 2 分）
7	培训计划	5	培训计划设计合理，内容详细（该项共 3 分，合理详细得 3 分），实际可行，制度完善（该项共 2 分，制度完善得 2 分）
8	商务报价	10	商务报价响应招标文件要求，报价单符合招标文件规范，无漏项，无商务偏离（该项总共得 10 分，响应招标内容报价，得 4 分，无漏项、缺项，得 6 分，缺一项扣 2 分，扣完 6 分为止）

序号	项目	分值/分	描述
9	投标文件递交规范	10	按照规定时间提交投标文件(该项共 5 分,超过规定时间扣 3 分),递交过程中需要准备的材料齐全(该项共 5 分,缺一项,扣 2 分,扣完为止)
10	特殊加分	10	方案设计体现先进性和创新性,或提供相应的优惠政策或条件(该项共 10 分,有一项加 2 分,最多得 10 分)

第六章　投标文件格式

注意:请供应商按照以下文件的要求、格式、内容,顺序制作投标文件,并请编制目录及页码,否则可能将影响对投标文件的评价。

6.1　投标函、投标报价及项目相关文件

6.1.1　投标函

ICT 营销技能虚拟招标公司:

你们_____号招标文件(包括更正通知,如果有的话)收悉,我们经详细审阅和研究,现决定参加投标。

(1)我们郑重承诺:我们是符合《中华人民共和国政府采购法》第二十二条规定的供应商,并严格遵守《中华人民共和国政府采购法》的规定。

(2)我们接受招标文件的所有条款和规定。

(3)我们同意按照招标文件的相关条款规定,本投标文件的有效期为从投标截止日期起计算的 90 天,在此期间,本投标文件将始终对我们具有约束力,并可随时被接收。如果我们中标,本投标文件在此期间之后将继续保持有效。

(4)我们同意提供采购人要求的有关本次招标的所有资料。

(5)我们理解,你们无义务必须接受投标价最低的投标,并有权拒绝所有的投标。同时也理解你们不承担我们本次投标的费用。

(6)如果我们中标,我们将按照招标文件的规定向贵公司支付招标代理服务费;为执行合同,我们将按"供应商须知"有关要求提供必要的履约保证。

供应商名称(公章):_____

地址:_____　　　　　邮编:_____

电话:_____　　　　　传真:_____

授权代表签字:_____

职务:_____

日期:_____年_____月_____日

6.1.2　开标一览表

开标一览表如表 4-6 所示。

表 4-6　开标一览表

项目名称	
招标编号	
投标报价	小写：　　　　　　　　　　　　大写：
工期	
备注	

投标人(盖章)：_____

法定代表人或授权代表(签名)：_____

日期：_____年_____月_____日

注意：

(1)投标报价应为完成本项目要求的所有工作的费用；

(2)本项目仅接受一个价格，不接受选择性报价方案。

6.1.3　分项报价表

格式自拟，按品目分项报价，并列出制造商、产地、型号等。

6.1.4　商务条款偏离表

商务条款偏离表如表 4-7 所示。

表 4-7　商务条款偏离表

招标编号：_____

序号	招标文件条目号	招标文件的商务条款	投标文件的商务条款	说明

供应商名称(公章):＿＿＿＿＿＿＿＿＿＿＿＿＿＿＿＿＿＿＿＿＿＿＿＿＿

法定代表人或授权代表(签字):＿＿＿＿＿＿＿＿＿＿＿＿＿＿＿＿＿＿＿

日期:＿＿＿＿＿年＿＿＿＿＿月＿＿＿＿＿日

注意:

(1)如供应商无任何偏离,也需在投标文件中递交此表;

(2)偏离包括正、负偏离,正偏离是指供应商的响应高于招标文件要求,负偏离是指供应商的响应低于招标文件要求。

6.1.5 技术需求偏离表

技术需求偏离表如表4-8所示。

表4-8 技术需求偏离表

招标编号:＿＿＿＿＿＿＿＿＿

序号	招标文件技术规格及要求	投标文件技术指标情况	具体说明

供应商名称(公章):＿＿＿＿＿＿＿＿＿＿＿＿＿＿＿＿＿＿＿＿＿＿＿＿＿

法定代表人或授权代表(签字):＿＿＿＿＿＿＿＿＿＿＿＿＿＿＿＿＿＿＿

日期:＿＿＿＿＿年＿＿＿＿＿月＿＿＿＿＿日

注意:

(1)对于某项指标的数据存在证明文件内容不一致的情况,取指标较低的为准,对于可以用量化形式表示的条款,供应商必须明确回答,或以功能描述回答;

(2)作为投标文件重要的组成部分,不能简单拷贝招标文件技术要求或简单标注"符合""满足"。

(3)偏离包括正、负偏离,正偏离是指供应商的响应高于招标文件要求,负偏离是指供应商的响应低于招标文件要求。

6.2 资格证明文件

(1)法人或者其他组织的营业执照等证明文件(复印件)。

(2)具备履行合同所必需的设备和专业技术能力的书面声明。

具备履行合同所必需的设备和专业技术能力的书面声明

我公司郑重声明:我公司具备履行本项采购合同所必需的设备和专业技术能力,为

履行本项采购合同我公司具备如下主要设备和主要专业技术能力:

主要设备有:＿＿＿＿＿＿＿＿＿＿＿＿＿＿＿＿＿＿＿＿＿＿＿＿＿

主要专业技术能力有:＿＿＿＿＿＿＿＿＿＿＿＿＿＿＿＿＿＿＿＿＿

供应商名称(公章):＿＿＿＿＿＿＿＿＿＿＿＿＿＿＿＿＿＿＿＿＿

法定代表人或授权代表(签字):＿＿＿＿＿＿＿＿＿＿＿＿＿＿＿＿

日期:＿＿＿＿＿年＿＿＿＿＿月＿＿＿＿＿日

(3)参加本政府采购项目前三年内(成立时间不足三年的、自成立时间起)在经营活动中没有重大违法记录的书面声明函(自行编写。重大违法记录是指供应商因违法经营受到刑事处罚或责令停产停业、吊销许可证或者执照、较大数额等行政处罚)。

参加政府采购活动前三年内在经营活动中没有重大违法记录的书面声明(参考格式)

我公司郑重声明:参加本次政府采购活动前三年内,我公司在经营活动中没有因违法经营受到刑事处罚或者责令停产停业、吊销许可证或者执照、较大数额罚款等行政处罚。

供应商名称(公章):＿＿＿＿＿＿＿＿＿＿＿＿＿＿＿＿＿＿＿＿

法定代表人或授权代表(签字):＿＿＿＿＿＿＿＿＿＿＿＿＿＿＿＿

日期:＿＿＿＿＿年＿＿＿＿＿月＿＿＿＿＿日

(4)中标后,承诺决不分包、转包。

6.3 其他相关文件

(1)法人授权委托书。

法人授权委托书

致 ICT 营销技能虚拟招标公司:

本授权书宣告:

委托人:＿＿＿＿＿＿＿＿＿＿＿＿＿＿＿＿＿＿＿＿＿＿＿＿＿＿

地址:＿＿＿＿＿＿＿＿＿＿＿＿＿＿＿＿＿＿＿＿＿＿＿＿＿＿＿＿

法定代表人:＿＿＿＿＿＿＿＿＿＿＿＿＿＿＿＿＿＿＿＿＿＿＿＿

受托人:姓名:＿＿＿＿＿性别:＿＿＿＿＿出生日期:＿＿＿＿年＿＿＿月＿＿＿日

所在单位:＿＿＿＿＿＿＿＿＿＿＿＿＿＿职务:＿＿＿＿＿＿＿＿

身份证:＿＿＿＿＿＿＿＿＿＿＿联系方式:＿＿＿＿＿＿＿＿＿＿

兹委托受托人＿＿＿＿＿合法地代表我单位参加 ICT 营销技能虚拟招标公司组织的＿＿＿＿＿＿＿＿(招标编号为:＿＿＿＿＿)的招标活动,受托人有权在该投标活动中,以我单位的名义签署投标书和投标文件,与采购人协商、澄清、解释,签订合同书并执行一切与此有关的事项。

受托人在办理上述事宜过程中以自己的名义所签署的所有文件我公司均予以承认。受托人无转委托权。

委托期限：至上述事宜处理完毕止。

委托单位(公章)：_____

法定代表人(签名或印章)：_____

受托人(签名)：_____

日期：_____年_____月_____日

附：法定代表人和受托人身份证复印件。

(2)主要设备授权委托书(如使用非本公司自行生产产品，请提供相应授权委托书，主要设备)。

致_____(招标代理机构)：

作为生产_____(货物名称)的_____(制造商全称)，我公司在此授权_____(投标人全称)用我公司生产的上述物资，参加_____(项目名称)项目招投标活动，提交投标函并签署采购合同。

我公司郑重承诺：中标后我公司将无条件按照授权投标产品交易期内保证货物的货源和质量，如有违反，依据《中华人民共和国招标投标法》《中华人民共和国合同法》及招标采购相关法规及条例承担法律责任。

授权期限为：_____年_____月起至本次中标货物采购期结束。

购销合同规定的招标采购期限与本授权书的有效期限应一致，若采购文件或合同规定的招标采购期限延期，本授权书期限自动顺延到招标采购期限届满。此授权书一经授出，在投标截止期后将不做任何修改。

制造商名称(盖公章)：_____

联系电话、传真：_____

日期(加盖投标人公章)：_____年_____月_____日

注意：本授权书必须打印，不得手写，不得行间插字和涂改。如有涂改，必须有制造商在涂改处加盖公章。

(3)其他文件资料。

投标人针对招标文件和评标办法，认为应该列入的材料。

注意：上述复印件加盖公章，原件备查。

4.9　评价反馈

评价反馈表如表4-9所示。

表 4-9 评价反馈表

班级： 姓名： 学号： 评价时间：

评价内容	项目		自己评价				同学评价				教师评价			
			A	B	C	D	A	B	C	D	A	B	C	D
	课前准备	信息收集												
		工具准备												
	课中表现	发现问题												
		分析问题												
		解决问题												
	任务完成	方案设计												
		任务实施												
		资料归档												
		知识总结												
	课堂纪律	考勤情况												
		课堂纪律												

学生自我总结：

备注：A 为优秀，B 为良好，C 为一般，D 为不及格。

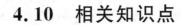

4.10 相关知识点

请学生将本模块所学到的知识点进行归纳，并写入表 4-10。

表 4-10　相关知识点

4.11　习题巩固

1.下列做法符合《中华人民共和国招标投标法》相关规定的是(　　)。

A.某系统集成项目的招标文件中详细介绍了招标人的名称和地址,招标项目的性质、数量,实施地点和时间,评标委员会组成名单及获取招标文件的办法等事项

B.某系统集成项目在截止时间前仅收到了两份投标文件,招标人直至收到第三份投标文件后才宣布开标

C.投标监督员有权对标书的密封情况进行检查,投标人之间也可以相互检查标书的密封情况

D.某系统集成公司在中标之后,将主体工程分为两个部分,并将其中一个部分承包给其他单位

2.某信息化项目公开招标,共 A、B、C、D 四家有资质的软件公司投标。C 公司与该用户达成协议,将标底从 48 万元压到 30 万元。A、B、D 三家公司投标书中投标价均为 40 万元以上,只有 C 公司为 30 万元,于是 C 公司以低价中标。在建设中,双方不断调整工程量,增加费用,最终 C 公司取得工程价款 46 万元。C 公司与用户在招投标过程中的行为属于(　　)。

A.降价排挤行为　　　　　　　B.商业贿赂行为

C.串通招投标行为　　　　　　D.虚假宣传行为

3.关于项目招投标的描述,不正确的是(　　)。

A.任何单位和个人不得以任何方式为招标人指定招标代理机构

B.招标项目,共收到两个投标人的标书,则该招标人需重新招标

C.标书以邮寄方式递交的,以"邮戳为准"

D.投标价格低于成本不符合中标人条件

4.《建设工程勘察设计管理条例》规定,可以直接发包的工程建设勘察、设计项目有许多种,但是(　　)不能直接发包。

A.采用特定的专利或专有技术的

B.建筑艺术造型有特定要求的

C.需要进行危险作业的

D.国务院规定的其他工程建设的勘察设计

5.抢险救灾紧急工程应采用(　　)方式选择实施单位。

A.公开招标　　　　　　　　B.邀请招标

C.议标　　　　　　　　　　D.直接委托

6.在依法必须进行招标的工程范围内,对重要设备、材料等货物的采购,其单项合同估算价在(　　)万元人民币以上的,必须进行招标。

A.50　　　　　　B.100　　　　　　C.150　　　　　　D.200

7.公开招标和邀请招标在招标程序上的差异为(　　)。

A.是否进行资格预审　　　B.是否组织现场考察

C.是否解答投标单位的质疑　　D.是否公开开标

8.投标人应当具备(　　)的能力。

A.编制标底　　　　　　　B.组织评标

C.承担招标项目　　　　　　D.融资

9.某投标人在提交投标文件时,挟带了一封修改投标报价的函件,但开标时该函件没有当众拆封宣读,只宣读了修改前的报价单上填报的投标价格,该投标人当时没有异议。这份修改投标报价的函件应视为(　　)。

A.有效

B.无效

C.经澄清说明后有效

D.在招标人同意接受的情况下有效

10.关于联合体投标的说法,正确的有(　　)。

A.多个施工单位可以组成一个联合体,以一个投标人的身份共同投标

B.中标的联合体各方应当就中标项目向招标人承担连带责任

C.联合体各方的共同投标协议属于合同关系

D.由不同专业的单位组成的联合体,按照资质等级较低的单位确定业务许可范围

4.12　思政案例分享

思政案例分享见二维码。

模块五　物联网工程项目合同管理

5.1　学习目标

1. 任务目标
- 了解物联网建设工程合同管理的概念和种类；
- 熟悉物联网建设工程合同的主要条款和作用；
- 掌握物联网建设工程合同的订立原则；
- 了解《中华人民共和国合同法》的主要内容。

2. 能力目标
- 掌握物联网建设工程合同管理的工具和技术；
- 熟悉合同谈判的过程和方法；
- 掌握物联网建设工程合同纠纷的解决方法。

3. 素质目标
- 培养明辨是非的观念；
- 培养积极沟通的意识；
- 培养主动观察的意识；
- 培养严谨的工作态度。

4. 思政目标
- 培养学生维护公共利益的服务意识；
- 培养学生遵纪守法的法治观念；
- 培养学生的诚信意识。

5.2　学习情境描述

合同是日常生活中经常遇到的，随着人们法律意识的提升，大家的风险防控意识越来越强，凡是遇到事情都在合同中就相关事项约定清楚，避免日后产生纠纷。

我们普通人通常能用到的合同都是简单的合同，如买卖合同、借款合同、租赁合同等，一般自双方签字之日生效。下面我们来看一个案例。

1. 案例分析——"建设工程合同纠纷"

案情简介：2010年3月，王某借用有资质的某建筑工程公司的名义与某厂签订《建设工程施工合同》，双方约定，由王某组织工人为某厂承建厂房，工程采用固定总价为680万元，包工包料，工期自2010年4月1日开工至2010年9月31日竣工。王某依据合同约定于2010年4月1日进场备材并陆续开始施工。同年7月，某厂办理了建设工程施工许可手续。同年8月，王某又以个人名义与某厂签订了数个补充协议，补充协议约定增加工程量，工程价款暂定230万元，工程价款据实结算。至2011年3月底，王某完工，未经竣工验收，某厂便于2011年4月实际使用，并强行将王某清场。王某向某厂索要拖欠的工程价款390万元，但某厂却告知王某：王某借用资质施工违法、拖延工期构成违约，同时王某并未依据约定完成工程施工，已完成的工程存在质量问题，造成了某厂重大损失，故王某应赔偿某厂的损失，所欠工程价款不予支付，王某也无权向某厂主张支付剩余工程价款。

王某不能接受，王某认为其是实际施工人，同时某厂事先知道王某系借用资质承揽工程，王某并没有拖延工期，导致工程延期完工的原因是某厂自行造成的，工程质量也符合国家要求，某厂拒付工程价款的理由不能成立。于是王某便来到了律师事务所进行咨询。

面对王某的问题，律师对该案进行了法律分析，一是帮助王某进行解答，二是供广大读者进行法律探讨。

2. 律师分析

(1)《建设工程施工合同》对王某及某厂是否具有约束力？

根据《最高人民法院关于审理建设工程施工合同纠纷案件适用法律问题的解释》第一条规定的"建设工程施工合同具有下列情形之一的，应当根据《中华人民共和国合同法》第五十二条第(五)项的规定，认定无效：

(一)承包人未取得建筑施工企业资质或者超越资质等级的；

(二)没有资质的实际施工人借用有资质的建筑施工企业名义的；

(三)……"

结合本案，王某个人借用某建筑工程公司的资质，以某建筑工程公司的名义签订了《建设工程施工合同》，并由王某自行组织工人实际施工。很明显，王某的这种行为系我国法律所禁止的挂靠行为。

因我国法律法规明令禁止建筑施工企业以任何形式允许其他单位或者个人使用本企业的资质证书、营业执照，对外以本企业的名义承揽工程，没有资质的实际施工人借用有资质的建筑施工企业名义签订的《建设工程施工合同》无效。

因此，本案中的《建设工程施工合同》依法归于无效，对合同双方不具有法律约束力。

(2)王某是否有权要求某厂支付剩余工程价款？

《最高人民法院关于审理建设工程施工合同纠纷案件适用法律问题的解释》第二条规定："建设工程施工合同无效，但建设工程经竣工验收合格，承包人请求参照合同约定支付工程价款的，应予支持。"

《最高人民法院关于审理建设工程施工合同纠纷案件适用法律问题的解释》第三条规

定:"建设工程施工合同无效,且建设工程经竣工验收不合格的,按照以下情形分别处理:

(一)修复后的建设工程经竣工验收合格,发包人请求承包人承担修复费的,应予支持;

(二)修复后的建设工程经竣工验收不合格,承包人请求支付工程价款的,不予支持。

因建设工程不合格造成的损失,发包人有过错的,也应承担相应的民事责任。"

结合本案,由于王某以被挂靠单位的名义与某厂签订的《建设工程施工合同》是无效合同,但是王某是该工程的实际施工人,依据法律规定,此种情形下工程价款如何结算、支付应取决于工程是否竣工验收合格。关于双方签订合同所涉及的工程价款,应先核对已完工程量,如已完成合同约定的工程量,且经竣工验收合格的,那么某厂就要参照双方约定的价款支付工程价款;如果经双方核对工程量,王某只履行合同约定的部分工程量,那么就应当对已完工程的造价进行鉴定,某厂应当按照已完工程的实际价款向王某支付工程价款。

因此,王某作为实际施工人有权向某厂主张支付工程价款。

(3)某厂拒付工程价款的理由能否成立?

作为承包人的建筑企业是建设工程的施工人,应当对工程施工的质量负责,但是如果因发包人的原因造成工程质量问题,则发包人应当承担过错责任。

首先,根据《最高人民法院关于审理建设工程合同纠纷案件适用法律问题的解释》第三条规定:"……因建设工程不合格造成的损失,发包人有过错的,也应承担相应的民事责任。"

结合本案,某厂明知王某系借用有资质的建筑企业承揽工程,王某自身是不具有承揽工程资质等级的个人,在这种情况下,仍然将工程发包给王某进行承建,某厂自身存在过错,因此造成工程质量问题,某厂应当承担相应的责任。具体承担责任的比例需要进一步了解案情,要看某厂是否还存在其他过错,比如提供的设计是否存在缺陷、是否履行了检验义务等,还要看王某作为实际施工人是否按照工程设计要求、施工技术标准,以及是否履行检验义务等综合案件的具体情况进行裁量。

其次,根据《最高人民法院关于审理建设工程合同纠纷案件适用法律问题的解释》第十三条规定:"建设工程未经竣工验收,发包人擅自使用后,又以使用部分质量不符合约定为由主张权利的,不予支持"。我国法律明确规定,建设工程竣工验收合格后,方可交付使用。

结合本案,某厂在建设工程未经竣工验收的情形下,强行对王某进行清场,并擅自使用,某厂就要对其擅自使用的工程承担工程质量风险责任,不论造成工程质量的原因是王某施工不符合约定还是某厂的使用行为,某厂都要自行承担使用工程部分的质量风险。

最后,根据《中华人民共和国建筑法》第七条规定:"建筑工程开工前,建设单位应当按照国家有关规定向工程所在地县级以上人民政府建设行政主管部门申请领取施工许可证;但是,国务院建设行政主管部门确定的限额以下的小型工程除外。

按照国务院规定的权限和程序批准开工报告的建筑工程,不再领取施工许可证。"

结合本案,某厂应在工程开工前向建设行政主管部门申请施工许可证,未领取施工许可证的,应提交开工报告并经批准后,方可施工。由于某厂迟延办理施工许可手续,王某有权顺延工期,顺延工期后并不存在逾期交付工程的行为,且本案涉合同为无效合同,故王某不需承担逾期竣工的违约责任。

因此,某厂拒付工程价款的理由依法不能成立。

综上所述,本案仅是个案分析。在实践中,因建设工程施工合同引发的纠纷多种多样,错综复杂,涉及的知识领域广泛,本案并未面面俱到。

3. 律师提示

在《建设工程施工合同》签订过程中，无论是发包方还是承包方均应严格遵守法律法规的规定，严格按照法定程序签订合同，否则，不仅要承担民事责任，还要承担相应的行政责任，甚至刑事责任；在《建设工程施工合同》履行过程中，双方均应进行良好的沟通，并注重证据的保存，尤其是保留相关的书面文件，比如会议纪要、工程师指令、双方往来信函、工程签证、索赔信函、工期签证等，以防止因纠纷诉至法院时，没有事实依据可寻，而造成各方损失无法追索。

通过案例我们知道，在工程建设当中合同的重要性。本模块通过学习合同的类型、合同的管理过程、合同的编写、变更、签订、索赔等内容，掌握合同的基本概念，便于在日后工作当中回避和减轻某些项目风险。

5.3　知识准备

5.3.1　合同形式

合同形式主要有三种，包括口头形式、书面形式及推定形式。但要是法律、行政法规中明确要求必须采取书面形式签订的，那么当事人应当通过书面形式签订合同。

1. 口头形式

口头形式，是指当事人只采用口头的方式签订合同，而没有采用文字形式确定合同内容的形式。口头形式在日常生活中经常被采用。集市的现货交易、商店里的零售等一般都采用口头形式。

合同采取口头形式，无须当事人特别指明。凡当事人无约定，法律未规定须采用特定形式的合同，均可采用口头形式合同。但发生争议时当事人必须举证证明合同的存在及合同关系的内容。合同采取口头形式并不意味着不能产生任何文字的凭证。人们到商店购物，有时也会要求商店开具发票或其他购物凭证，但这类文字材料只能视为合同成立的证明，不能作为合同成立的要件。以口头形式签订合同，可以简化手续、方便交易、提高效益，但其缺点是发生合同纠纷时难以取证，不易分清责任。所以，对不能即时清结的合同和标底数额较大的合同，不宜采用这种形式。

2. 书面形式

书面形式，是指通过文字形式表现合同内容的形式。合同书以及任何记载当事人要约、承诺和权利义务内容的文件，都是合同的书面形式的具体表现。《中华人民共和国民法典》合同编第二章第四百六十九条规定："书面形式是合同书、信件、电报、电传、传真等可以有形地表现所载内容的形式。以电子数据交换、电子邮件等方式能够有形地表现所载内容，并可以随时调取查用的数据电文，视为书面形式。"

书面合同必然由文字凭据组成，但并非一切文字凭据都是书面合同的组成部分。成为书面合同的文字凭据,必须符合以下要求:有某种文字凭据,当事人或其代理人在文字凭据上签字或盖章,文字凭据上载有合同权利义务。

书面合同的表现形式,常见的有以下几类。

1)表格合同

表格合同是当事人双方合意的内容及条件,主要体现为一定表格上的记载,能全面反映当事人权利义务的简易合同。表格合同及其附件、有关文书、通用条款,组成完整的合同。

2)车票、保险单等合同凭证

合同凭证不是合同本身,它的功能在于,表明当事人之间已存在合同关系。合同凭证是借以确认双方权利义务的一种载体。虽然双方的权利义务并未完全反映在合同凭证上,但因法律及有权机关制定的规章已有明确规定,因而可以确认合同凭证表示双方的权利义务关系。

3)合同确认书

在我国,除了上述普通书面形式之外,还有特殊书面形式。特殊书面形式是指除文字表述协议内容之外,合同还须经过公证、鉴证、审批、登记等手续。合同的公证是指国家公证机关对合同的真实性和合法性所做的公证证明。合同的鉴证是指合同管理机关对合同真实性和合法性依法做出的证明。合同的审批是指根据法律或主管机关的规定,由主管机关或部门对合同加以审核批准。合同的登记由主管机关登记。

书面合同的最大优点是合同有据可查,发生纠纷时容易举证,便于分清责任。因此,关系复杂的合同、重要的合同,最好采取书面形式。

3. 推定形式

推定形式,是指当事人未用语言、文字表达合同内容的形式,仅用行为向对方发出要约,对方接受该要约,做出一定或指定的行为作为承诺的,合同成立。例如,商店安装自动售货机,顾客将规定的货币投入自动售货机内,买卖合同即成立。

综上所述,当事人订立的合同形式,有书面形式、口头形式和推定形式等。法律、行政法规规定采用书面形式的,应当采用书面形式。当事人约定采用书面形式的,应当采用书面形式。在任何社会、任何时代,合同的形式都是不可或缺的。

5.3.2　合同分类

1.按项目范围分类

以项目范围为标准,合同可以分为项目总承包合同、项目单项合同、项目分包合同三类。

1)总承包合同

微课:v5-1
合同分类

买方将项目的全过程作为一个整体发包给同一个卖方的合同。总承包合同要求只与同一个卖方订立、承包合同,但并不意味着只订立一个总合同。

采用总承包合同的方式一般适用于经验丰富、技术实力雄厚且组织管理协调能力强的卖方,这样有利于发挥卖方的专业优势,保证项目的质量和进度,提高投资效益。采用这种方式,买方只需与一个卖方沟通,容易管理与协调。

2)项目单项合同

一个卖方只承包项目中的某一项或某几项内容,买方分别与不同的卖方订立项目单项承包合同。

采用项目单项承包合同的方式有利于吸引更多的卖方参与投标竞争,使买方可以选择在某一单项上实力强的卖方。同时也有利于卖方专注于自身经验丰富且技术实力雄厚的部分建设,但这种方式对买方的组织管理协调能力提出了较高的要求。

3)项目分包合同

经合同约定和买方认可,卖方将其承包项目的某一部分或某几部分项目(非项目的主体结构)再发包给具有相应资质条件的分包方,与分包方订立的合同称为项目分包合同。

订立项目分包合同必须同时满足以下 5 个条件:

(1)经过买方认可;

(2)分包的部分必须是项目非主体工作;

(3)只能分包部分项目,而不能转包(转包,赚差价,属于违法行为)整个项目;

(4)分包方必须具备相应的资质条件;

(5)分包方不能再次分包。

如果分包的项目出现问题,买方既可以要求卖方承担责任,也可以直接要求分包方承担责任(连带责任)。

2.按项目付款方式分类

根据项目的付款方式可以将项目分为总价合同、成本补偿合同和工料合同。

1)总价合同

总价合同为既定产品或服务的采购设定一个总价。总价合同又可以分为固定总价合同、总价加激励费合同、总价加经济价格调整合同和订购单。

①固定总价合同。

固定总价合同是最常用的合同。大多数买方都喜欢这种合同,因为采购的价格在一开始就被确定,并且不允许被改变(除非工作范围发生变更)。因合同履行不好而导致的任何成本增加都由卖方承担。

②总价加激励费合同。

合同为买方和卖方都提供了一定的灵活性,它允许有一定的绩效偏差,并对实现既定目标给予财务奖励。奖励的计算方法可以有多种,但都与卖方的成本、进度或绩效有关。

③总价加经济价格调整合同。

总价加经济价格调整合同是一种特殊的总价合同,允许根据条件变化(例如,通货膨胀、某些特殊商品的成本增加或降低等),以事先确定的方式对合同价格进行最终调整。

④订购单。

订购单是当非大量采购标准化产品时,通常可以由买方直接填写卖方提供的订购单,卖方照此供货。订购单通常不需要谈判,所以又称为单边合同,适用于量少、钱少、标准化产品的订购。

2)成本补偿合同

成本补偿合同向卖方支付为完成工作而发生的全部合法实际成本(可报销成本),外加一笔费用作为卖方的利润。成本补偿合同可以分为成本加固定费合同、成本加激励费合同和成本加奖励费合同。

①成本加固定费合同。

成本加固定费合同为卖方报销履行合同工作所发生的一切合法成本(成本实报实销),并向卖方支付一笔固定费作为利润。

②成本加激励费合同。

成本加激励费合同为卖方报销履行合同工作所发生的一切合法成本(成本实报实销),并在卖方达到合同规定的绩效目标时,向卖方支付预先确定的激励费。成本加激励费合同如表 5-1 所示。

表 5-1　成本加激励费合同

合同内容	实际执行情况		说明
	A 项目	B 项目	
目标成本	8	13	假设买方和卖方对目标成本、目标费用和分摊比例已达成一致
目标费用	1	1	
分摊比例	0.8	−1.2	
实际支付	9.8	12.8	买方实际支付的款项
实际利润	1.8	−0.2	卖方有可能亏本,如 B 项目

③成本加奖励费合同。

成本加奖励费合同为卖方报销履行合同工作所发生的一切合法成本(成本实报实销),买方再凭自己的主观给卖方支付一笔利润。

3)工料合同

工料合同是指按项目工作所花费的实际工时数和材料,以及事先确定的单位工时费标准和单位材料费标准进行付款。这类合同适用于工作性质清楚,工作范围比较明确,但具体的工作量无法确定的项目。

3.合同类型的选择

1)按工作范围选择

(1)如果工作范围很明确,则选择总价合同。

(2)如果工作性质清楚,但范围不是很清楚,而且工作不复杂,则选择工料合同。

(3)如果工作范围尚不清楚,则选择成本补偿合同。

2)按风险承担

(1)如果双方承担风险,则选择工料合同。

(2)如果买方承担风险,则选择成本补偿合同。

(3)如果卖方承担风险,则选择总价合同。

3)单边合同

如果购买标准产品,且数量不大,则选择订购单。

合同类型总结如表 5-2 所示。

表 5-2　合同类型总结

合同类型	定义/关键字	优点	缺点(风险)
总价合同	设定一个总价;定义需求/工作范围明确;不会出现重大范围变更	价格、范围明确	卖方承担全部风险
成本补偿合同	开口合同;成本＋其他费用;工作范围会有很大变动	买方承担全部风险	

续表

合同类型	定义/关键字	优点	缺点（风险）
工料合同	单价确定，总数不定；工作性质清楚、工作量不定；时间、材料合同	双方分担	

微课：v5-2
合同内容
讲解

5.3.3　合同内容

一般情况下，项目合同的具体条款由当事人各方自行约定。总的来说，应包括以下各项。

（1）项目名称。

（2）标底内容和范围：明确双方的权利与义务，这是合同的主要内容。其中的权利与义务应对等，从而体现合同的公平原则，而不应偏向其中的任何一方。

（3）项目的质量要求：通常情况下采用技术指标限定等各种方式来描述项目的整体质量标准和各部分质量标准，它是判断整个项目成败的重要依据。

（4）项目的计划、进度、地点、地域和方式。

（5）项目建设过程中的各种期限：明确卖方提交有关基础资料（如文档、源代码等）的期限、项目的里程碑时间，以及项目的验收时间等重要期限。需要特别注意的是，在项目执行过程中，如果出现里程碑的延误和不合格，则买方有权停止卖方的开发，转向其他卖方。

（6）技术情报和资料的保密：明确约定双方都不得向第三方泄漏对方的业务和技术上的秘密，包括买方业务上的机密（如商业运营方式和客户信息等）及卖方的技术机密。为了提高保密意识，实现自我保护，双方可以另行签订一个保密合同，具体规定保密的内容和保密的期限等。

（7）风险责任的承担：明确项目的风险承担方式，是由买方承担，还是由卖方承担，或者双方按比例分担。

（8）技术成果的归属：项目中产品的知识产权和所有权不同。一般来说，买方支付开发费之后，产品的所有权将转给买方，但产品的知识产权仍然属于卖方。如果要将产品的知识产权也转给买方（或双方共同拥有），则应在合同中明确相关条款。

（9）验收的标准和方法：质量验收标准是一个关键的指标，如果双方的验收标准不一致，就会在产品验收时产生争议与纠纷。在某些情况下，卖方为了获得项目也可能将产品的功能过分夸大，使得买方对产品功能的预期过高。另外，买方对产品功能的预期可能会随着自己对产品的熟悉而提高标准。为了避免此类情况的发生，清晰地规定质量验收标准是必需的，而且对双方都是有益的。

（10）价款、报酬（或使用费）及其支付方式：价款即买方为项目建设投入的资金情况，分为总体费用和分项费用；报酬即付给卖方的酬金。建议分期支付价款和报酬，即以某一阶段的里程碑为标志，按规定比例支付。这样，双方对项目每个阶段的实施范围，以及验收的标准进行细化，使之具有可操作性和可度量性，有利于提高项目建设的质量。同时也能充分调动卖方的积极性，并有效地保护买方的合法权益。

（11）违约金或者损失赔偿的计算方法：合同当事人双方应当根据有关规定约定双方的违约责任，以及赔偿金的计算方法和赔偿方式。对于采用分期付款方式的项目，可以明确约定每个阶段达不到验收要求所实行的违约处罚措施。

（12）解决争议的方法：该条款中应尽可能地明确在出现争议与纠纷时采取何种方式来协商解决。

（13）名词术语解释：该条款主要对合同中出现的专用名词术语进行解释说明。

项目合同经当事人各方约定，还可以包括相关文档资料、项目变更的约定，以及有关技术支持服务的条款等内容作为上述基本条款的补充，也可以用附件的形式单独列出。

5.3.4　合同管理

微课：v5-3
合同管理
讲解

合同管理包括合同签订管理、合同履行管理、合同变更管理、合同档案管理、合同违约索赔管理、合同解除管理等。

1.合同签订管理

签订合同，是一个经过充分协商达到双方当事人意思表示一致的过程，在这个过程中的各个步骤构成了合同签订的程序。签订合同的程序主要有以下步骤。

（1）市场调查和可行性研究。

市场调查和可行性研究是当事人在签订合同前必不可少的准备工作。

（2）资信审查。

当准备与对方谈判签订合同时，需要对对方进行资信审查。资信审查包括资格审查和信用审查。

（3）洽谈协商。

当事人之间就合同条款的不同意见经过反复协商，讨价还价，最后达成一致意见的过程就是洽谈协商。

（4）拟定合同文书。

拟定合同文书是将双方协商一致的意见，用文字表述出来。

（5）履行合同生效手续。

在拟定合同文书后，双方当事人已完全认可的时候，就要办理合同签订的最后一道手续，即双方当事人签字或者盖章。首先，由双方当事人的法定代表人或经办人在合同上签字。其次，按照我国的习惯，要加盖单位公章或者合同专用章，合同签订的程序才算完成。有的合同，根据国家规定需经有关部门审查批准的，则必须在有关部门审批后，才能正式生效。

2.合同履行管理

合同履行管理包括对合同的履行情况进行跟踪管理，主要是指对合同当事人按合同规定履行应尽的义务和应尽的职责进行检查，及时、合理地处理和解决合同履行过程中出现的问题，包括合同争议、合同违约和合同索赔等事宜。合同履行部门、财务部、法务部等部门都应当按下列要求做好各部门的合同履行管理工作。

（1）为履行合同所做的工作，都要留有记录或者证据。

如支付款项的，应通过银行转账支付，在原始凭证上应写明款项用途及对应的合同编号等；交付货物的，应索取正式的收货凭证等。

（2）及时发出催告和异议。

催告一般是用来催促对方按合同履行其义务，同时，催告也是进一步采取某些行动的必备前置程序,如有些情况下解除合同,必须经过催告。而异议一般是在接受对方交付的情况下,发现对方的交付不符合合同约定,如接受对方交付的货物后发现质量不符合合同约定,则应及时向对方提出书面异议。

(3)及时收集和保存证据。

合同履行过程中,合同各方的往来函件、通知等文书都具有法律效力,如果发生纠纷,也是区分责任的重要证据,合同履行部门负责对合同履行每一环节形成的书面材料完整保存,如果相关材料发至其他部门,应及时转交合同履行部门存档。

(4)建立信息汇报反馈制度,及时处理异常情况。

合同履行中的一些问题,其实很多是法律层面的问题,技术性与专业性较强,合同履行部门应当慎重对待,并及时与法务部沟通和联系,由法务部参与处理前述问题。公司应当建立信息汇报和反馈的制度和流程,以便及时发现问题,做出相应的处理。

(5)合同履行过程中,法务部负责监督、检查合同中相应条款的具体履行情况。

法务部监督、检查合同的履行情况,一般采取普查和重点检查的方式。检查内容主要包括三方面:一是看合同各方是否按合同约定进度全面履行合同,督促各方严格履约;二是看履行过程中是否存在合同数量、交货期限、付款等方面变更情况,如有变更,应履行变更签约手续,以合同形式明确变更情况;三是看是否存在违约情况,这是监督检查的主要工作。各部门应当积极配合法务部的监督检查合同工作,并指定专人负责该项配合工作。

(6)合同履行完毕后,对所遗留的问题,合同履行部门应指定专人负责解决,并规定解决期限。在期限内确定无法解决的问题,应当立即报告公司领导,由公司领导指定有关部门配合解决,并提出具体方案。

3. 合同变更管理

《中华人民共和国民法典》第五百四十三条规定:"当事人协商一致,可以变更合同。当事人一方要求修改合同时,应当首先向另一方用书面的形式提出。另一方当事人在接到有关变更项目合同的申请后,应及时做出书面答复。"

参考流程如下。

(1)业务经办人在合同协议履行过程中如果发现合同协议条款欠妥,需要进行变更,则应向部门经理申请变更合同协议。

(2)各部门经理和法律顾问负责对业务经办人提出的变更合同协议的申请进行审核。

(3)法律顾问负责向总经理提出变更合同协议意见。

(4)变更合同协议意见经总经理审批后,由业务经办人向合同协议对方提出变更或解除合同协议的要求。

(5)业务经办人和合同协议对方协商变更合同协议的条款,并将达成合同协议的书面协议递交给部门经理、法律顾问进行审核,审核无误后,由总经理审批。

(6)合同协议变更的书面协议得到各部门经理和法律顾问的审核、总经理审批后,业务经办人和合同协议对方签订合同协议变更的书面协议。

(7)合同协议档案管理人员负责保管合同协议变更的书面协议及材料。

合同变更申请表如表 5-3 所示。

表5-3 合同变更申请表

申请人		申请表编号		合同号	
相关的分项工程和该工程的技术资料说明					
工程号　　　　　　　　图号					
施工段号					
变更的依据			变更说明		
变更涉及的标准					
变更所涉及的资料					
变更影响(包括技术要求,工期,材料,劳动力,成本,机械,对其他工程的影响等)					
变更类型			变更优先次序		
审查意见: 计划变更实施日期:					
变更申请人(签字)					
变更批准人(签字)					
变更实施决策/变更会议					
备注					

4.合同档案管理

企业应成立一个合同管理部门,统一归口审核和管理各业务部门、各单位分口管理的模式,对企业合同的签订和履行负有监督、检查和指导的职责。具体操作上,对合同实行分级、划块管理,各业务部门和所属各单位(主要有各个分公司、驻外机构)作为合同二级管理单位,负责本部门、本单位的合同签订和履行,并向法律顾问部门定期汇报有关合同的执行情况。

合同档案管理一般流程如下。

(1)合同应交由企业档案管理部门进行归档,档案管理一般为法务部门或行政部门。为保稳妥,建议企业每个合同至少应留存两份原件,并分别放置两个地方独立留存。

(2)合同登记的项目应由企业的业务部门与归档部门一同汇总,共同完成登记工作。有些企业仅登记合同中的收、付款信息,这是远远不够的,登记应至少包括对方主体信息、主要项目内容、本企业合同负责人、对方合同负责人、主要权利义务履行期限、付款节点、收款节点,涉及资产购买的还应进行资产登记。

(3)合同归档之前进行扫描,留存合同电子版,做到纸质文件与电子文件的统一。日后非必须使用原件时,查询电子版本即可。

(4)建立客户档案信息。对通过签署合同得知的客户信息进行汇总,方便日后查询。汇总的信息应包括客户主体信息、联系方式、业务成交过程中的重点注意事项等,为日后客户回访及老客户维护提供信息支持。

(5)建立客户评价系统。每签署一份并执行完毕的合同,请客户对本企业进行评价,以收集自身企业在合作过程中的不足,并进行对应的完善改进工作。

(6)定期对合同进行汇总、整理,从不同的角度对合同进行分类、分析。如在艺人经纪公司中,可以按照艺人进行分类,这样可以汇总每位艺人的业务收支情况、经纪事务发展情况,给每一个艺人团队的发展提供数据支持;可以按照业务类型分类,这样可以汇总公司的版权收入、演出收入、制作支出、造型支出,为公司老板在日后平衡总体收支提供参考;还可以按照经纪业务来源分类,这样可以看出业务的来源是哪里,能够促进销售体系的完善。根据每个企业情况的不同,可以灵活地、多维度地进行汇总、分析,通过合同来反映企业的经营状况,进而调整公司经营策略。

5. 合同违约索赔管理

合同违约是指信息系统项目合同当事人一方或双方不履行或不适当履行合同义务,应承担因此给对方造成的经济损失的赔偿责任。

合同索赔是指在项目合同的履行过程中,由于当事人一方未能履行合同所规定的义务而导致另一方遭受损失,受损失方向过失方提出赔偿的权利要求。

索赔的起因和原则如下。

合同索赔的重要前提条件是合同一方或双方存在违约行为和事实,并且由此造成的损失,责任应由对方承担。对提出的合同索赔,凡属于客观原因造成的延期、属于买方也无法预见到的情况,例如,特殊反常天气达到合同中特殊反常天气的约定条件时,卖方可能需要延长工期,但得不到费用补偿(遇到不可抗力因素,工期可以索赔,费用不可以索赔)。对于属于买方的原因造成延长工期,不仅应给卖方延长工期,还应给予费用补偿。

项目发生索赔事件后,一般先由监理工程师调解,若调解不成,则由政府建设主管机构进行调解;若仍调解不成,则由经济合同仲裁委员会进行调解或仲裁。在整个索赔过程中,遵循的原则是索赔的有理性、索赔依据的有效性、索赔计算的正确性。索赔具体流程如下。

(1)提出索赔要求。

当出现索赔事项时,索赔方以书面的索赔通知书形式,在索赔事项发生后的 28 d 内,向监理工程师正式提出索赔意向通知。

(2)报送索赔资料。

在索赔通知发出后的 28 d 内,向监理工程师提出延长工期和(或)补偿经济损失的索赔报告及有关资料。

(3)监理工程师答复。

监理工程师在收到送交的索赔报告有关资料后,于 28 日内给予答复,或要求索赔方进一步补充索赔理由和证据。

(4)监理工程师逾期答复后果。

监理工程师在收到承包人送交的索赔报告有关资料后,28 日未予答复或未对承包人做进一步要求的,视为该项索赔已经被认可。

(5)持续索赔。

当索赔事件持续进行时,索赔方应当阶段性向监理工程师发出索赔意向,在索赔事件终了后 28 日内,向监理工程师送交索赔有关资料和最终索赔报告,监理工程师应在 28 日内给予答复或要求索赔方进一步补充索赔理由和证据。逾期未答复,视为该项索赔成立。

(6)仲裁与诉讼。

监理工程师对索赔的答复,索赔方或发包人不能接受,即进入仲裁或诉讼程序。

6. 合同解除管理

《中华人民共和国民法典》第五百六十三条规定:"有下列情形之一的,当事人可以解除合同:

(一)因不可抗力致使不能实现合同目的;

(二)在履行期限届满前,当事人一方明确表示或者以自己的行为表明不履行主要债务;

(三)当事人一方迟延履行主要债务,经催告后在合理期限内仍未履行;

(四)当事人一方迟延履行债务或者有其他违约行为致使不能实现合同目的;

(五)法律规定的其他情形。

以持续履行的债务为内容的不定期合同,当事人可以随时解除合同,但是应当在合理期限之前通知对方。"

5.3.5　如何编写合同

(1)首先要有合同标题,如建设工程总承包合同、工程采购合同等。

(2)合同内容,可参考下列模板。

甲方:＿＿＿＿＿＿＿＿

乙方:＿＿＿＿＿＿＿＿

双方经反复协商一致,就下列事宜达成协议:

一、(写清情况)甲乙双方自愿签订本协议书,甲乙双方达成如下协议。

二、双方协商确定,甲方提供合格商品,乙方负责提供业务销售。

三、双方协商确定,乙方负责业务销售的同时,甲方需按照约定的＿＿＿＿＿＿＿＿%负责给乙方提供业务费。

四、双方协商确定,在经营期间按照＿＿＿＿＿＿＿＿比例进行提现。

五、＿＿＿＿＿＿＿＿＿＿＿＿＿＿＿＿＿＿＿＿＿＿＿＿＿＿＿＿＿＿＿＿＿＿＿

六、以上事实清楚,甲乙双方无异议。

七、(以后操作的想法)＿＿＿＿＿＿＿＿＿＿＿＿＿＿＿＿＿＿＿＿＿＿＿＿＿

八、支付方式:＿＿＿＿＿＿＿银行转账＿＿＿＿＿＿＿＿＿＿＿＿＿＿＿＿＿＿＿

九、违约责任:＿＿＿＿＿＿＿＿＿＿＿＿＿＿＿＿＿＿＿＿＿＿＿＿＿＿＿＿＿＿

十、违约金或赔偿金的数额或计算方法:＿＿＿＿＿＿＿＿＿＿＿＿＿＿＿＿＿＿＿

十一、合同争议的解决方式:本合同在履行过程中发生的争议,由双方当事人协商解决;也可由当地工商行政管理部门进行调解;协商或调解不成的,按下列第＿＿＿＿＿＿＿＿种方式解决:

(一)提交＿＿＿＿＿＿＿仲裁委员会仲裁;

(二)依法向人民法院起诉。

十二、双方商定的其他事宜:＿＿＿＿＿＿＿＿＿＿＿＿＿＿＿＿＿＿＿＿＿＿＿

甲方:(签章)＿＿＿＿＿＿＿＿　　　　　乙方:(签章)＿＿＿＿＿＿＿＿

地址:＿＿＿＿＿＿＿＿＿＿＿＿　　　　　地址:＿＿＿＿＿＿＿＿＿＿＿＿

合同签订地点:＿＿＿＿＿＿＿＿＿＿＿＿＿＿＿＿＿＿＿＿＿＿＿＿＿＿＿＿＿

合同签订时间:＿＿＿＿＿＿年＿＿＿＿＿＿月＿＿＿＿＿＿日

5.4 任务书

请学生根据任务分组,对模块四物联网工程项目招投标的合同进行编写,要求符合合同编写规范和相关法律依据,不得有歧义或表述不清的地方,可以自行添加附件和说明。

5.5 任务分组

任务分组如表 5-4 所示。

表 5-4 任务分组表

班级		组别		指导老师	
组 员 列 表					
姓名	学号	任 务 分 工			

5.6 工作准备

签订合同需要对主体的形式和主体的实质进行审查。

5.6.1　对主体的形式审查

(1)法人具有独立签订合同的资格,企业法人是《中华人民共和国合同法》规定的合同主体。对法人的形式审查,就是要看对方的有关证照,这个只要到工商部门查询即可。

(2)分支机构是否具有独立签订合同的能力,主要看其是否有独立的营业执照,有独立营业执照的分支机构虽不具有法人资格,但可以独立签订合同。但应该注意的是这样的分支机构承担民事责任的能力是有限的。在承担民事责任时,先以该分支机构的财产承担责任,不足的部分由法人承担,因此,如碰到分支机构签订合同时要对其上级法人一并审查。

(3)法人内部的职能部门不具有主体资格,其所签订的合同是无效合同。无独立营业执照的分支机构不得以自己的名义进行任何经济活动,所进行的经济活动一律无效。通过审查,如果发现签合同的人只是法人内部的一个职能部门,应该改由企业法人出面签订合同,或者由法人出具授权委托书,授权才能签订合同。

(4)审查法人的经营范围。法律规定:"当事人超越经营范围订立合同,人民法院不因此认定合同无效。但违反国家限制经营、特许经营,以及法律、行政法规禁止经营规定的除外。"这是对一些特殊行业规定的。比如建筑企业要有资质证书,房屋开发企业要有房屋开发的资格证书,进出口企业要有进出口企业资格证书,金融企业要有金融业务许可证等。根据这些规定,我们在审查经营范围时就有这样一个标准:一般的超范围经营是可以签订合同的,但如果合同的内容涉及限制经营、特许经营项目的,就要要求对方具备相应的资格。如果对方不具有这些资格的就不能签订合同。

5.6.2　对主体的实质审查

对企业是否有履约能力的实质审查,关键是对企业资信能力的审查。在合同签订之前,审查结果可以作为是否与其签订合同的标准。在纠纷发生后,也可以据此确定承担民事责任。

(1)对注册资金真实性的审查。

该种审查方式是审查公司在成立时,提供的银行存单、验资报告,核实上述资料的真实性。审查的目的是确定对方是否有虚假注册的情况。虚假注册主要有以下几种。

①验资报告上所注明的会计师事务所不存在。

②验资报告中所注明的会计师事务所虽然存在,但报告书不存在,是假的。以上这两种情况在实践中会遇到,特别是一些由信息中介代办的企业注册。

③验资报告中的实物没有转移所有权。

(2)对会计资料的审查。对会计资料的审查可以从以下几个方面进行。

①是否有固定资产,固定资产的价值和变现能力如何。

②企业负债是否过多。如果负债中有银行债务的情况,那么就要进一步查清固定资产是否已经抵押。

③流动资金是否充足。

(3)对股东的审查。

一方面是审查股东是否真实,有的企业注册登记的是几个股东,但实际上真正的股东只有一人,其他股东都是假的;还有的企业,注册的股东都是假的,而企业的实际经营者另有其人。那么怎样去核实假股东这种情况呢?这就要对其工商注册资料中注册的股东进行逐一核实,看其是否在公司,如果在公司,那么其是否实际上有经营管理权。另一方面审查股东与股东之间的关联关系。

(4)对经营历史的审查。

对经营历史的审查包括如下内容。

①历史上的赢利情况;

②做过的业务或项目;

③履约情况,是否经常发生纠纷。

以上是在签订合同前,我们对客户在主体和资信状况方面进行审查的方法。在具体签订合同时是不是每笔合同都需要用上述方法去审查,或者说哪些合同需要审查,哪些合同不需要审查,这就要由企业根据合同的性质和合同的数额等情况去衡量。

5.7　引导问题

以下采购合同和工程施工合同的实际案例,可作为本次任务的参考。

（编号:_____）

采 购 合 同

甲　方:_____

乙　方:_____

签订日期:_____年_____月_____日

甲、乙双方根据《中华人民共和国民法典》及相关法律规定,经友好协商,签订本合同。

一、合同标的

见附件,合同总价(币种＿＿＿＿＿＿)＿＿＿＿＿＿计＿＿＿＿＿＿元整(大写)。

二、包装及质量

按生产厂商出厂标准。

三、付款规定

(1)在＿＿＿＿＿＿年＿＿＿＿＿＿月＿＿＿＿＿＿日前,甲方应付合同全款的＿＿＿＿＿＿%(计人民币＿＿＿＿＿＿＿＿＿元整)至乙方指定账号。

(2)如果货款非一次性付清,则甲方应在＿＿＿＿＿＿年＿＿＿＿＿＿月＿＿＿＿＿＿日前付清余款。

(3)如果甲方在规定的日期内未支付任何款项,则乙方可终止合同,此种情况不属于《中华人民共和国合同法》第八条合同的解除范围。

(4)如果乙方在规定的日期内未交付任何货物,则甲方可终止合同。

四、交货方式、地址、时间

(1)交货时间为＿＿＿＿＿＿＿＿＿＿。

(2)乙方自收到甲方第一笔款项后＿＿＿＿＿＿个工作日内交付所售产品。乙方负责送货到甲方指定交货地址;或乙方按指定交货地址发货。

交货地址＿＿＿＿＿＿＿＿＿＿＿＿＿＿＿＿＿＿＿＿＿＿＿＿＿＿＿＿＿＿＿＿＿＿＿＿＿

收货方＿＿＿＿＿＿＿＿＿＿＿＿＿＿＿＿＿＿＿＿＿＿＿＿＿＿＿＿＿＿＿＿＿＿＿＿＿＿

收货人＿＿＿＿＿＿＿＿＿＿＿＿＿＿＿＿＿＿＿＿＿＿＿＿＿＿＿＿＿＿＿＿＿＿＿＿＿＿

五、验收

(1)收货时,甲方应检查产品各项标识、单据、数量等并签署书面验收单。若发现与合同规定不符,应于收货之日起＿＿＿＿＿＿个工作日内在产品清单上加注,并书面提交乙方,否则视为乙方交货符合合同规定。

(2)如果产品存在质量问题,则甲方应当在收货后＿＿＿＿＿＿个工作日内书面向乙方提出异议。逾期提出的,视为乙方交付的产品合格。

六、保修和售后服务

(1)货运破损:当乙方指定承运人时,如果发生货物到达指定地址即发生破损的情形,则甲方应立即取得承运人出具的书面《破损证明》,甲方须在收到货物＿＿＿＿＿＿个工作日内将该证明提交乙方。否则,向承运人索赔和货运破损的责任由甲方承担。

(2)货物破损标准须同时符合下列条件:①非人为损坏;②机器存在明显损坏或机器无法正常使用;③甲方在申请有效期内向乙方提出书面申请。货到即损的有效期为:货物到达甲方指定交货地址之日起,＿＿＿＿＿＿个工作日(乙方仓库所在地市内)或＿＿＿＿＿＿个工作日(乙方仓库所在地市外)。乙方对发生货到即损的部分进行换货处理。

(3)保修期从货物到达甲方之日起计算。如甲方延迟提货或收货,不延长保修期。

(4)按照生产厂商的规定,甲方可享受生产厂商承诺的保修服务。保修期外,乙方向甲方提供有偿服务,服务费按生产厂商或乙方标准执行。

(5)乙方对保修期和售后服务另有承诺的,应当另行书面约定,以作为本合同的附件,否则适用上述条款。

七、所有权与风险转移

（1）在甲方支付全部货款前，货物的所有权归乙方所有。如甲方未能按合同约定的付款期限履行付款义务的，乙方有权以任何方式将货物收回，甲方须承担因违约而给乙方造成的经济损失，包括但不限于违约金、收回货物的运费及其他费用等。

（2）货物的风险责任自甲方拥有货物所有权之日起转移至甲方承担。

（3）如果甲方已经将货物出售给第三方，则乙方可以直接对第三方享有债权。

八、合同的解除

（1）任何一方欲提前解除本合同，应提前通知对方，经双方协商签字同意后方可解除本合同。甲方要求解除合同，无权要求乙方返还甲方向乙方已支付的费用，并应对乙方遭受的损失承担赔偿责任；乙方要求解除合同，应返还甲方已支付的费用，并赔偿由此引起甲方的损失。

（2）订立本合同所依据的客观情况发生重大变化，致使本合同无法履行的，经双方协商同意，可以变更本合同相关内容或者终止合同的履行。

九、违约责任

（1）双方在执行本协议过程中，任何一方违反本合同约定，均为违约。违约方除向守约方赔偿外，还须承担守约方为取得此等赔偿而支出的所有费用，包括但不限于仲裁费、诉讼费、律师费、差旅费等。

（2）任何一方未能如期履约时，应每天按未能履约部分的 0.05% 向对方支付违约金。但支付违约金并不免除违约方的其他合同义务，不可抗力除外。

（3）甲方提出质量问题的，必须在验收期内向乙方提交书面证明，并不得以质量问题未解决为由拖延支付同批货物中合格产品的货款。否则，甲方任何拖延付款的行为都将视为逾期付款。

（4）如果任何一方没有实现本合同约定而受到本合同对方索赔，则应分清各方的具体责任，根据实际情况确定是否予以赔偿及赔偿金额。对于利润损失等其他直接或间接损失（包括商务交易中的双方已告知对方的有可能发生的损失），由各自承担，相互不承担责任。

十、其他

（1）返点或其他形式的让利，均应当由乙方出具盖公章的书面认可，任何其他形式的承诺均无效；生产厂商或其他代理商对甲方的让利承诺对乙方无约束力。

（2）本合同受《中华人民共和国民法典》保护，未尽事宜，均按《中华人民共和国民法典》规定执行。

（3）有关本合同的任何争议，双方应本着相互信任、以诚相见的原则，协商解决。若经协商不能达成协议的，可向仲裁委员会提交仲裁。

（4）本合同一式两份，双方各执一份，自双方签字、盖章后生效。

十一、合同附件

本合同附件是合同不可分割的部分，一经签署后具有同等法律效力。附件产品清单及报价，如表 5-5 所示。

表 5-5　附件产品清单及报价　　　　　报价单位：　元

序号	产品编号	产品名称	单价	数量	金额

甲方：		乙方：	
签约代表：		签约代表：	
职务：		职务：	
签字：		签字：	
签约日期：		签约日期：	

工程施工合同书

发包人(下称"甲方")：_____

承包人(下称"乙方")：_____

依照《中华人民共和国民法典》《中华人民共和国建筑法》及其他有关法律、行政法规的规定，遵循平等、自愿、公平和诚实守信的原则，甲乙双方就_____工程项目发/承包事项协商一致，订立本合同，双方共同遵守。

一、工程概况

(1)承包范围：云结构木模型设计、施工。

(2)承包方式：包工包料。

(3)使用材料：由乙方自行选定，但必须保证质量，经甲方验收合格后方可使用。

二、工作期限

开工日期：本工程定于_____年_____月_____日开工。

竣工日期：本工程定于_____年_____月_____日竣工。

合同工期总日历天数为：_____天。

三、合同生效

本合同签订时间：_____年_____月_____日

合同签订地址：_____

本合同经甲乙双方签字盖章后生效。

四、质量标准

合格。

五、双方义务

（一）甲方

（1）做好施工前准备工作，确保乙方能按时进场施工。

（2）保证乙方施工用水、用电等条件。

（3）协助乙方维持现场秩序，及时处理各种问题。

（4）在施工过程中，施工若有变更，应提前通知乙方做好相应的准备，并负责随时检查督促工作进度和质量。

（5）承担因不可抗力（如暴雨、强风、地震等）导致的模型损坏。

（二）乙方

（1）开工前应通知甲方，以便甲方派人进行监督。

（2）对于施工产生的垃圾，乙方必须及时清扫处理，保证施工现场的卫生整洁。

（3）乙方负责人要保证施工人员的防火、防盗、防意外事故等安全保障工作，发生相关损害的，由乙方自主承担责任。

六、工程验收

施工完毕后，由甲方进行质量验收，乙方应予以配合。

七、保修

发生质量问题时，乙方应当及时、有效、充分地履行维修义务。甲方不承担材料、工钱、交通、食宿等任何费用，但非乙方人为原因或不可抗力造成破坏的情形除外。

八、其他

本合同未尽事宜由甲乙双方协商解决。

九、工程价格及结算方法

工程价格采用成本加固定比例费，结算方式如下。

（1）成本的确定。

①直接工程费：人工费按实结算，实际使用工日经甲乙双方签字确认；材料费按乙方提供发票经甲方签字确认后按实结算；机械费按乙方提供机械会签单，经甲方签字确认后按实结算。

②措施项目费：可计价项目按甲方认可的施工方案确认，不可计价项目按定额比例计取。

③其他项目费：按实际发生计取。

④规费：按乙方取费证书计取，具体如下。

养老保险费（6.75%）、失业保险费（0.54%）、医疗保险费（2.43%）、工伤保险费（0.55%）、生育保险费（0.18%）、住房公积金（1.3%）。

成本总额＝直接工程费＋措施项目费＋其他项目费＋规费

（2）固定比例按成本金额计取。

（3）税金：按成本与固定比例费之和的10%计取。

（4）总金额：成本＋固定比例费＋税金。

十、安全文明施工

（1）乙方应组织进场员工进行必要的安全知识教育，应保证每位员工熟悉安全操作规程及劳动保护用品的使用，加强员工的自我保护意识。

（2）有特殊要求的施工作业，乙方必须根据规定安排持操作证的人员上岗，确保机械设备安全生产。

（3）工程施工过程中，乙方应做好文明施工、严格按照安全操作规程进行，采取有力的安全防护措施，配置专职安全员，确保施工安全。如发生一切人身、设备安全事故，其发生的费用及责任均由乙方承担。

十一、违约责任

（1）合同签订后乙方不能履行合同或中途毁约或因乙方原因致使合同不能履行的，甲方有权解除合同且要求乙方承担工程总造价百分之十的违约金并赔偿甲方的所有损失。

（2）因乙方原因延误工期，工程不能按约定的进度计划实施的，每逾期1日，乙方应向甲方支付合同总价款千分之三的违约金。累计逾期超过20日时，甲方有权解除合同且要求乙方承担合同总价款百分之十的违约金并赔偿甲方所有损失。

（3）乙方工程质量未达到合同约定的标准，甲方有权要求乙方限期整改，整改所发生的费用由乙方自行承担。若因乙方整改导致工作完成时间逾期的，则乙方按前款规定承担违约责任。

（4）甲方须按合同规定的付款条件及时向乙方付款，延期付款超过7日，甲方应按尚欠金额的万分之五给乙方作为违约金，因乙方原因造成的付款延期，甲方不负责任。

十二、纠纷解决方式

如果合同执行过程中发生争议，双方应协商解决，若协商不能解决，任何一方均可直接向_____市人民法院提起诉讼。

十三、合同份数

本合同一式六份，甲方四份，乙方两份，均具同等法律效力。

发包人（公章）：_____

法定代表人或委托代理人（签字）：_____

通信地址：_____

电　　话：_____

承包人（公章）：_____

法定代表人或委托代理人（签字）：_____

通信地址：_____

电　　话：_____

开户银行：_____

账　　号：_____

5.8 工作计划与实施

以下为模块四的合同书,注意合同的格式和内容,遵守相关的法律依据,完成空白处填写。

合同专用条款

甲方:人工智能学院

乙方:_____

甲乙双方根据_____年_____月_____日招标编号_____的人工智能学院教学楼多媒体信息化教室建设采购招标结果及招标文件的要求,依照《中华人民共和国合同法》及其他法律、行政法规,遵循平等、自愿、公平和诚实守信的原则,经协商一致,达成如下货物购销合同。

一、工程概况

项目名称:_____

项目地址:_____

二、工程承包范围

承包范围:_____

三、合同工期

交付时间:_____

四、货物及其数量、金额等

货物及其数量、金额如表5-6所示。

表 5-6　货物及其数量、金额

序号	采购货物名称	规格型号	数量	单价	总价	免费质保期	交货时间

合同总金额：人民币(大写)＿＿＿＿＿＿＿＿＿＿＿元整

￥：＿＿＿＿＿＿＿＿＿＿＿元整

甲方	联系人：
	固定电话：　　　　移动电话：
乙方	联系人：
	固定电话：　　　　移动电话：

(1)合同总价包括了＿＿＿＿＿＿＿＿＿＿＿＿＿＿＿＿＿＿＿＿＿＿＿＿＿＿＿＿＿＿＿＿＿

＿＿＿

费用。甲方无须向乙方另行支付任何费用。

(2)本合同为固定不变价。

五、组成合同的有关文件

招标文件、投标文件、中标通知书和有关附件是本合同不可分割的组成部分,与本合同具有同等法律效力。

六、质量标准

(1)货物为＿＿＿＿＿＿＿＿＿＿＿＿＿＿＿＿＿＿＿＿＿＿(原装)产品。

(2)满足招标文件技术要求、符合中华人民共和国国家标准或行业标准;如果中华人民共和国没有相关标准的,则采用货物来源国适用的官方标准。这些标准必须是有关机构发布的最新版本的标准。乙方标准高于上述标准、规范,按较高标准执行。

(3)货物必须具备出厂合格证。

七、质保期

(1)免费保修期＿＿＿＿＿年,在产品的质保期内如果出现产品质量问题,则＿＿＿＿＿＿

＿＿＿

(2)设售后服务机构＿＿＿＿＿＿＿＿＿＿＿＿＿＿＿＿＿＿＿＿＿＿＿＿＿＿＿＿＿＿＿＿

八、项目服务

(1)货物到达交货地址后,乙方即按合同执行时间进度计划派出有经验的技术人员到项目现场进行安装。

(2)甲方应当提供符合合同货物安装条件的场所和提供必要的配合。

九、产品交货要求

(1)乙方交货时应向甲方提供＿＿＿＿＿＿＿＿＿＿＿＿＿＿＿＿＿＿＿＿＿＿＿＿＿＿＿＿

＿＿＿

＿＿＿

(2)乙方供货时所提供的货物,如配件有更新而导致型号更新,供货时应提供最新的取代型号;软件有最新版本,供货时应提供最新版本。附设备生产商的证明,其他服务条款不变。

十、货物的验收

(1)采购软件及配套教材数量按照合同采购清单清点并符合要求。

(2)平台软件提供的各项技术参数和配置功能,通过现场验收符合技术参数指标及配置要求。

十一、培训

_____

_____

_____

十二、付款条件

设备在甲方调试验收合格后,乙方向甲方出具增值税发票并提供合同总额的_____作为质保金,甲方支付乙方合同总价的_____。在项目交付终验收合格后_____个月,甲方无息归还乙方_____的质保金。

十三、履约保证金

(1)_____

_____

(2)_____

_____

(3)乙方的履约保证金在货物安装调试后的一个月内,由甲方无息退还。

十四、售后服务

合同履行完毕在使用过程中发生质量问题,卖方在接到买方电话后_____小时服务到位,在合同时间内解决故障,承担所有质保期内的故障费。

十五、违约责任

(1)_____

_____

(2)_____

_____

(3)_____

_____

十六、解决争议的方法

甲、乙双方在履行本合同过程中发生争议,双方应协商解决,或向有关部门申请调解解决;协商或调解不成的,按下列第(2)种方式解决。

(1)提交仲裁委员会仲裁;

(2)依法向_____人民法院提起诉讼。

十七、合同生效

(1)合同签订时间:_____年_____月_____日

合同签订地址：_____

（2）本合同一式四份，中文书写。甲、乙双方各执两份。

（3）双方约定本合同自签字盖章之日起生效。

甲方：人工智能学院　　　　　　　乙方：_____

授权代表：_____　　　　　授权代表：_____

地址：_____　　　　　　地址：_____

开户银行：_____　　　　　开户银行：_____

账号：_____　　　　　　账号：_____

电话：_____　　　　　　电话：_____

日期：_____　　　　　　日期：_____

5.9　评价反馈

评价反馈表如表5-7所示。

表5-7　评价反馈表

班级：　　　　　姓名：　　　　　学号：　　　　　评价时间：

项目		自己评价				同学评价				教师评价			
		A	B	C	D	A	B	C	D	A	B	C	D
评价内容	课前准备 信息收集												
	课前准备 工具准备												
	课中表现 发现问题												
	课中表现 分析问题												
	课中表现 解决问题												
	任务完成 方案设计												
	任务完成 任务实施												
	任务完成 资料归档												
	任务完成 知识总结												
	课堂纪律 考勤情况												
	课堂纪律 课堂纪律												

续表

学生自我总结：

备注：A 为优秀，B 为良好，C 为一般，D 为不及格。

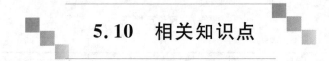

5.10　相关知识点

请学生将本模块所学到的知识点进行归纳，并写入表 5-8。

表 5-8　相关知识点

5.11　习题巩固

1.项目的工作范围已经完成,但是,客户不满意,因为,客户希望让团队完成额外的工作。鉴于上述情况,应该如何做?(　　)

A.开始合同收尾,并就额外工作签订新合同

B.转换为成本补偿合同

C.告诉客户现在进行变更已经为时过晚

D.在获得管理层批准后,增加工作范围并执行额外工作

2.在某个大型土木施工合同中,甲方注意到合同一般条件要求承包商在规定的时间提交某个可交付成果。现在,规定的时间已经过去,但是甲方没有收到该可交付成果。在询问承包商的合同管理员后得知,合同特殊条件中已经取消了这个可交付成果。甲方应该(　　)。

A.口头要求承包商提交这个可交付成果

B.书面要求承包商提交这个可交付成果

C.不能要求承包商提交这个可交付成果

D.通过合同变更控制系统来解决合同一般条件和特殊条件之间的矛盾

3.某海港咨询公司的一名项目经理遵照合同实施某项目,为236台服务器的操作系统进行升级。项目经理在执行合同的收尾过程中,应该(　　)。

A.合同付款　　　　　　　　　　B.进行绩效测量

C.正式验收　　　　　　　　　　D.进行产品验证

4.索赔是合同管理中经常会碰到的问题,以下关于索赔管理的描述中,(　　)是正确的。

A.一方或双方存在违约行为和事实是合同索赔的前提

B.凡是遇到客观原因造成的损失,承包商都可以申请费用补偿

C.索赔是对对方违约行为的一种惩罚

D.承建方应该将索赔通知书直接递交建设方,监理方不参与索赔管理

5.合同可以变更,但是当事人对合同变更的内容约定不明确的,推定为(　　)。

A.未变更　　　　　　　　　　　B.部分变更

C.已经变更　　　　　　　　　　D.变更为可撤消

6.在进行检查期间,如果发现一家供应商没有适当生产可交付成果的一个重要部件,应该如何做?(　　)

A.坚持卖方遵守质量保证计划　　B.就偏差,通知项目发起人

C.通过函件,坚持要求遵守合同　　D.安排会议,讨论偏差

7.合同生效后,当事人就质量、价款或者报酬、履行地址等内容没有约定或者约定不明

确的,可以以协议形式进行补充;不能达成补充协议的,按照(　　　)或者交易习惯确定。

　　A. 公平原则　　　　　　　　　　　B. 项目变更流程

　　C. 第三方调解的结果　　　　　　　D. 合同有关条款

　　8. 下列哪一项不属于合同调整的一个类型?(　　　)

　　A. 终止　　　　　　　　　　　　　B. 建设性的变更

　　C. 补充协议　　　　　　　　　　　D. 变更顺序

　　9. 合同结束时,存在未解决的问题,应该怎么解决?(　　　)

　　A. 谈判　　　　　　B. 诉讼　　　　　　C. 调解　　　　　　D. 仲裁

　　10. 乙公司中标承接了甲机构的办公自动化应用系统集成项目,在合同中约定:甲乙双方一旦出现分歧,在协商不成时,可提交到相关机构裁定。通常,优先选择的裁定机构是(　　　)。

　　A. 甲机构所在地的仲裁委员会　　　B. 甲机构所在地的人民法院

　　C. 乙公司所在地的仲裁委员会　　　D. 乙公司所在地的人民法院

5.12　思政案例分享

思政案例分享见二维码。

模块六 物联网工程项目监控设备选型

6.1 学习目标

1.任务目标

- 掌握监控视频前后端设备的选型；
- 掌握监控布点原则；
- 掌握监控方案设计；
- 了解监控设备的安装和使用。

2.能力目标

- 熟知物联网工程项目常用监控的类型；
- 熟知常见监控设备的知名厂商；
- 会查阅各类监控参数并理解其意义；
- 掌握搜集及查阅产品资料的方法和途径。

3.素质目标

- 培养规范及标准意识；
- 培养搜集信息的能力；
- 培养加工整理信息的能力；
- 培养独立思考的能力。

4.思政目标

- 培养学生的"工匠精神"；
- 培养学生的职业道德品质；
- 培养学生的敬业、精益、专注、创新意识。

<h1>6.2 学习情境描述</h1>

说到监控,已经广为人知。我们看到的有交通监控、治安监控,还有小区的安防监控。本模块分享监控设备的相关内容。监控的信号分为模拟信号和数字信号,现在多数都使用数字信号,而模拟信号将会被逐渐淘汰。我们首先来了解常用的监控器材。

<h3>6.2.1 监控常规设备和常规辅材</h3>

<h4>1.监控设备分类</h4>

常规监控需要用到的设备有摄像机、交换机、硬盘录像机等,常规监控会用到的辅材有网线、电源线、电源适配器等,如图 6-1 所示。

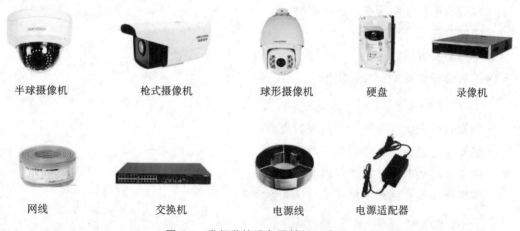

半球摄像机　　　枪式摄像机　　　球形摄像机　　　硬盘　　　录像机

网线　　　交换机　　　电源线　　　电源适配器

图 6-1　常规监控设备及辅材组成图

通过图 6-1 我们可以看到摄像机有几种类型,下面介绍这几种摄像机的使用场景和一些重要参数。

1)半球摄像机

半球摄像机的形状是个半球,半球摄像机体积小巧,外形美观,适合于办公等场所使用,最大的特点是美观且易于安装。

2)枪式摄像机

枪式摄像机的名称缘于其外形,一般适用于室外,简称枪机。

3)球形摄像机

球形摄像机顾名思义就是其外形像一个球,俗称球机。球形摄像机是可以 360°旋转的,这也是球形摄像机的最大特点,除了能旋转,其画面还能放大、缩小。一般情况下,球形摄像机会用于室外比较空旷的地方,利用它可以旋转的特性,在一些比较特殊的场景应用可以发挥出它的优势,如球机旋转角度可以设置为旋转 180°,这样就可以观察整个场景,如果换成枪式摄像机则只能观察部分场景,这就是球机的优势所在。

2.摄像机参数

上面介绍了摄像机的使用场景,接下来介绍几个重要的摄像机参数。

1)摄像机的分辨率

摄像机的分辨率一般是指摄像机能支持的最大图像大小,如 640 像素×480 像素(普清)、800 像素×600 像素(标清)、1280 像素×720 像素(高清)、1920 像素×1080 像素(全高清或超清)等。分辨率当然是越高越好,但也要考虑系统实际情况,如果系统不需要 1920 像素×1080 像素的分辨率,那么没必要采购这样的摄像机。

微课:v6-1
监控探头
参数讲解

一般可能应用到的分辨率如表 6-1 所示。

表 6-1 常用的监控摄像头分辨率

分辨率	横纵比	像素
160 像素×120 像素	4:3	—
320 像素×240 像素	4:3	—
480 像素×360 像素	4:3	—
640 像素×480 像素(普清)	4:3	30 万像素
800 像素×600 像素(标清)	4:3	50 万像素
960 像素×720 像素	4:3	70 万像素
1280 像素×720 像素(高清)	16:9	100 万像素
1920 像素×1080 像素(超清)	16:9	200 万像素

2)摄像机的焦距

摄像机还有一个重要的参数就是焦距。焦距一般为 3.6 mm、6 mm、8 mm、12 mm、16 mm。3.6 mm 镜头的角度是 67.4°,拍摄距离 15 m;6 mm 镜头的角度是 42.3°,拍摄距离是 20 m;8 mm 镜头的角度是 32.6°,拍摄距离是 25 m;12 mm 镜头的角度是 22.1°,拍摄距离是 40 m;16 mm 镜头的角度是 17.1°,拍摄距离是 60 m。3.6 mm 镜头一般用于监控收银台、酒店前台、保险柜或者其他重点小范围区域。在不同场景使用不同参数的摄像机。图 6-2 所示的为摄像机镜头选购示意图。

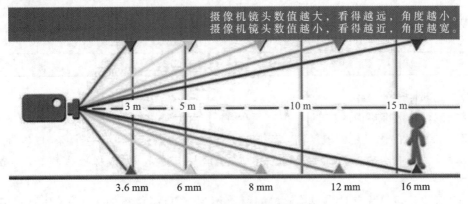

图 6-2 摄像机镜头选购示意图

3）红外线

现在的摄像机一般都带有红外线，红外线是用于补光的，当光线不足时摄像机会自动打开红外线进行补光，红外线应用最多的就是晚上，在完全无光源的情况下，摄像机通过红外线补光可以捕捉到一定的画面，这就是红外线的作用。图 6-3 所示的为有无红外线补光的对比图。

　　(a)无光源红外线补光后的效果　　　　　　　　　　　　(b)正常采光效果

图 6-3　有无红外线补光的对比图

4）供电方式

摄像机有两种供电方式：直流（DC）电源供电和 POE 供电，POE 供电相对于直流电源供电，只需连接 POE 交换机或 POE 网络硬盘录像机即可供电，施工和维护较简单方便。非POE 摄像机需要摄像头、电线、网线、PVC 套管、插座、安防电源……配件较多，线路复杂，安装复杂，维护不易。POE 供电摄像机需要一个摄像头、一条网线，数据、电力同时传输，简单方便。

5）耗费容量

容量占用表如表 6-2 所示。

表 6-2　容量占用表

分辨率	码率	存储空间（1 路）		
		1 小时	1 天	30 天
1920 像素×1080 像素（200 万像素）	4 Mbps	2 GB	43 GB	1.3 TB
1280 像素×960 像素（130 万像素）	4 Mbps	2 GB	43 GB	1.3 TB
1280 像素×720 像素（100 万像素）	3 Mbps	1.4 GB	32.4 GB	1 TB
768 像素×432 像素（33 万像素）	1 Mbps	0.5 GB	12 GB	0.4 TB

6）感光部件

感光部件是数字摄像的核心，一般有两种：CCD 和 CMOS。

CCD 摄像机的优点是灵敏度高、噪声小、信噪比大。但是生产工艺复杂、成本高、功耗高。一般是用于摄影摄像方面的高端技术元件，应用技术成熟，成像效果较好，价格相对较贵。

CMOS 摄像机的优点是集成度高、功耗低（不到 CCD 摄像机的 1/3）、成本低。但是噪声比较大、灵敏度较低。采用一些自动增益、自动白平衡、饱和度增强、对比度增强等影像控制技术，其效果可以接近 CCD 摄像机的效果。

在选择摄像机时,如果对成像画面,特别是夜拍效果比较重视的情况下应该选择 CCD 摄像机;如果需要考虑 USB 口的供电能力、整机稳定性或成本时,可以优先考虑 CMOS 摄像机。

7)防水等级

目前国家规定了摄像机的标准防水等级,大多摄像机生产厂商采用气密性防水测试仪所用到的 IP67、IP68 防水等级测试。下面具体介绍防水等级的含义。

IP67:短时浸泡常温常压下,当摄像机浸泡在 1 m 深的水里 30 min 时,不会因进水而对摄像机造成有害影响。

IP68:持续浸泡在水里,摄像机不会进水,可以长时间在水中使用,产品性能不受影响。

8)云台控制

云台内部有两个电机,分别负责云台的上下和左右各方向的转动。云台的转动带动摄像机的转动,这样可以看到不同位置的图像。评估云台主要从云台转动速度、转动角度、载重量等方面考虑。如果是室外云台还需要考虑防水、防雷、防尘、防凝结、防腐、防爆等因素。一体化云台摄像机如图 6-4 所示。

图 6-4　一体化云台摄像机

3.硬盘录像机的参数

要把硬盘安装到录像机里,通过硬盘来储存录像数据的录像机称为硬盘录像机(见图6-5)。下面先介绍如何安装硬盘到录像机。

图 6-5　硬盘录像机

其实安装硬盘到录像机的过程是非常简单的,只要把录像机的外壳拆开按照对应的位置固定好硬盘,然后插上自带的电源线和数据线就可以了(不用担心插错问题,因为录像机上只有几个接口,插反了是插不进去的)。

硬盘录像机分为 4 路、8 路、16 路、32 路,这是市场上常见的,还有一些不常见的 64 路、128 路等。4 路就是只能安装 4 个摄像机,8 路就是只能安装 8 个摄像机,以此类推。注意:一定要选择好路数,否则只能更换录像机。例如,选择了 4 路录像机,但是中途要安装 5 个摄像机,这时只能选择更换 8 路录像机,别无选择,因为厂商在出厂时都设置好了,是无法更改的。除了路数,硬盘录像机还有一个重要参数就是盘位。什么是盘位呢?就是能安装几个硬盘,一般市场上常见的有 1～16 盘位,就是最多可以安装 16 个硬盘。在实际安装中,我们需要得到摄像机码流和储存天数,才能具体计算出需要多大的硬盘和几盘位的录像机。注意:这里的盘位和路数是类似的,是不能添加的,所以一定要计算精确,否则唯一的办法就是换更大容量的硬盘。

现在主流摄像机编码方式有 H.264 和 H.265 两种编码格式,这与摄像机的存储容量和编码方式有关。

H.264 计算方法:在计算前我们必须知道摄像机的码流(码流包括主码流和子码流),才能精确计算,其公式为

$$码流 \times 3600 \times 24/8/1024/1024 = 一天的存储量$$

式中:码流是以秒为单位计算的,因此容量也要用秒来进行换算。

举例如下。

8 个 300 W 的 IPC,主码流 3 MB,子码流 0.5 MB

3.5 Mbps 换算过来就是 3584 Kbps

$$(3584 \times 3600 \times 24/8/1024/1024) \times 8 = 295.3 \text{ GB}$$

H.265 计算方法:H.265 在保证清晰度的同时,其实就是压缩了码流,所以相对比 H.264 降低了一半的储存空间。

采用 H.265 编码方式,用上面的例子来举例,则有

$$H.265(3584 \times 3600 \times 24/8/1024/1024) \times 8/2 = 147.65 \text{ GB}$$

4. 网线

数字监控肯定是少不了网线的,网线在监控中的作用也是至关重要的。它承担着数据传输的重大责任,所以网线的质量必须要过关,不然会严重影响监控系统的整体质量。在实际操作中建议监控使用五类网线。

5. 交换机

交换机有百兆、千兆及万兆交换机,常规情况下我们只能用到百兆和千兆交换机。交换机的作用就是网络扩大器,也可以理解为网络中转端。

6.2.2　如何安装监控设备

上面介绍了主要设备和一些主要的辅材,下面主要讲解如何安装监控。简单监控的结构图如图 6-6 所示。

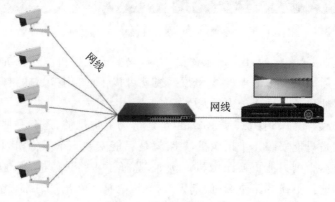

图 6-6　简单监控结构图

1. 普通供电方式

通过图 6-6 看到,摄像机通过网线连接到交换机,然后再通过一根网线连接到录像机,这样就完成了基本网络组成部分。但是摄像机是需要供电的,而且摄像机不是直流电,也就是说不是 220 V,而是通过变压得到的,一般情况下半球摄像机和枪式摄像机都是变压到 12 V、2 A,如图 6-7 所示。

高清镜头　　　　　电源接口　网络接口

图 6-7　摄像机普通供电方式

摄像机的接口有两个,一个网络接口和一个电源接口。下面介绍连接电源。如果摄像机旁边有通电的插座就直接插上电源,然后连上摄像机的 3.5 接口就可以了。但是在很多场景下,摄像机旁边都没有插座,这时我们需要剪断电源适配器带有插头的那一端,然后中间用电源线对其进行延长。

重点:只能剪断带有插头的那一端,千万不能剪 3.5 接口的这一端,因为变压后就只剩 12 V 了,如果还对其延长,则到了摄像机,电压根本不够,这将导致摄像机无法正常工作,所以只能剪断带有插头的那一端。

电源线的知识点:监控在很多情况下使用 $0.5 \ mm^2$、$0.75 \ mm^2$ 或者 $1.0 \ mm^2$ 的电源线,电源线是可以串联的,$0.5 \ mm^2$ 的电源线可以承受 600 W 左右,我们用的适配器是 12 V×2 A＝24 W,600/24＝25,也就是说 $0.5 \ mm^2$ 的电源线大概可以支撑 25 个摄像机电源,以此类推,根据不同场景使用不同规格的电源线。

2. 标准 POE 供电方式

上面只介绍了直流供电,这里介绍 POE 供电方式。POE 供电的优势:一根网线既能传输数据又能供电,就不用单独使用电源线和适配器了,只需摄像机支持 POE 供电、POE 交换机、录像机直接接 POE,如图 6-8 所示。

3. 交换机的选型

在不同环境中使用不同的交换机。交换机分为百兆交换机和千兆交换机,那么在什么情况下使用百兆交换机,在什么情况下使用千兆交换机? 交换机的选型如图 6-9 所示(IPC 为一种摄像机,NVR 为一种硬盘录像机)。

要想知道交换机能带动多少个摄像机,我们要知道摄像机的码流(主码流＋子码流),网

图 6-8　摄像机普通供电方式

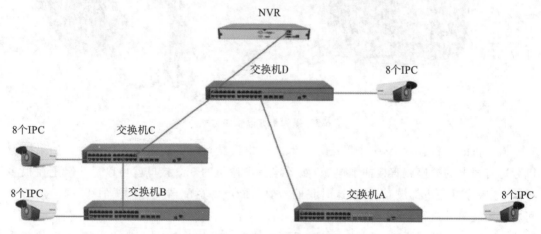

图 6-9　交换机的选型

络摄像机只有在其峰值带宽下才能保证摄像机的稳定运行,通常数字监控的峰值带宽=码流×取流路数(IPC 数量)×1.2,交换机的实际使用带宽建议不要超过端口的最大速率的70%,也就是百兆交换机不超过 70 Mbps,千兆交换机不超过 700 Mbps。

通过图 6-9 可以看到,每个交换机都连接了 8 个 IPC,我们假设每个 IPC 主码流 4 Mbps,子码流 0.5 Mbps,那么就是 4.5×8×1.2 Mbps=43.2 Mbps,所以交换机 A 和交换机 B 都可以用百兆交换机,而交换机 C 和交换机 D 则需要用到千兆交换机,因为交换机 C=(43.2+43.2) Mbps=86.4 Mbps,都已经超过了 70 Mbps,交换机 D=(43.2+43.2+43.2) Mbps=129.6 Mbps。

4. 光纤的使用

特点:成本低,传输快,如图 6-10 所示。

一般情况下,网线的传输不会超过 80 m,无氧铜的网线最远也不能超过 130 m,一旦超过监控就会出现掉帧、卡顿等情况。如果网线总长 200 m,则选用好一点的网线,中间加上交换机;如果网线总长 2 km,则要添加很多交换机,不过这样会大幅增加安装成本,且一旦网线太长信号是有衰减的,所以这时就会使用光纤作为载体来传输。

光纤的传输方式分为多模光纤和单模光纤。多模光纤传输距离较短,单模光纤传输距离较长,可以传输几十公里。一般情况下监控使用单模光纤较多。

图 6-10 光纤

采用几芯光纤的问题:一般情况下有几个终端就需要几芯,但实际方案设计和施工时会考虑冗余,所以每个终端一般用两芯。若要考虑成本,也可以采用整个线路冗余 1-2 芯,比如说有三个光纤接入交换机,就需要三芯(实际要用四芯的光纤),因为除了一芯光纤外,基本没有单数芯数的光纤,如三芯、五芯等,当然也不是绝对一芯只能接一个终端设备,也可以在一根光芯上串联多台终端,但这需要多次熔接,光衰较大,不能实现远距离传输。

5.光纤收发器

光纤收发器:一边发送另一边接收,收发器是成对使用的,不能单个使用。光纤拉好后,需要用尾纤熔接然后连接收发器进行数据传输。光纤收发器和光模块如图 6-11 所示。

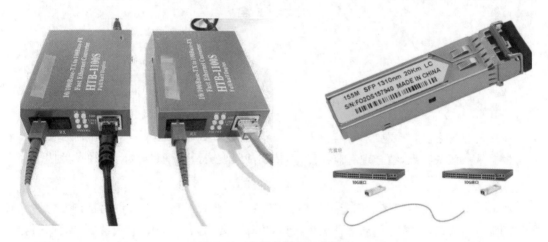

图 6-11 光纤收发器和光模块

如果交换机支持,则光模块直接连接到交换机接口,可以不使用光纤收发器。如果交换机不支持,则必须使用光纤收发器。

6.无线网桥的使用

在一些特殊场景是不适合铺设线缆的,这时就会用到无线网桥,无线网桥有点像无线路由器的 WiFi 功能,但是在功能上是有差异的。网桥一般是一对使用,一个发射端和一个接收端,这称为点对点。点对点可以是一点对多点。一点对多点中的多点一般情况下不超过 3 个点,即 1 对 3。常规无线网桥的传输距离为 1~5 km,传输速率要看网桥的参数,不同品牌型号会有不同的传输速率。无线网桥应用场景:如船舶、电梯、铁路、塔吊等不适合铺设线缆的场景。部署无线网桥时,一定要部署到空旷的地方,不能有障碍物阻挡,否则会影响信号。无线网桥如图 6-12 所示。

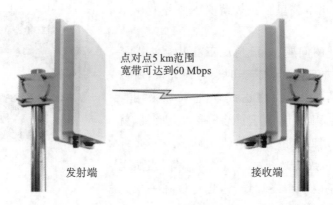

图 6-12　无线网桥

微课：v6-2
监控点位
布局原则

6.3　知识准备

6.3.1　监控点位布局原则

在安装监控之前，首要要求对监控点位进行点位的规划布局。

根据重点区域特点，结合现有监控点位，依实战需要，提出"围、连、补、合"的规划思路。

1. 围

顾名思义就是将目标区域围起来，形成封闭圈。一是控制所有出入市的路口，二是控制主城区所有出入口，三是控制局部辖区出入口，确保主要出入口100％有效覆盖，达到任何进出的人、车、物等目标均能获取清晰影像；力争所有进出部位均能达到有效覆盖，如图 6-13 所示。

图 6-13　出入口控制

2. 连

控制所有重点部位、重点场所、周边出入口，结合周边摄像机分布情况按照市区主要道路连成线，连成面，形成多个相互关联的封闭圈，确保可多次捕获移动目标，如图 6-14 所示。

图 6-14 边界控制

3. 补

对各类封闭圈的补点：保证目标经过各层封闭圈时必须能达到清晰覆盖，合理规划各辖区相互重叠交叉的封闭圈，避免重复建设、漏建等情况。

对封闭圈内补点：主要是派出所封闭圈内，对已分类的重点单位、重点场所、重点部位补建监控点位，特别是对案件高发等区域，根据实际情况选择摄像机类型进行补点。

4. 合

整合社会资源，发挥社会资源在治安防控中的辅助作用，特别是对封闭的重点单位出入口的视频资源要充分利用，形成对各层封闭圈的有力补充，如图 6-15 所示。

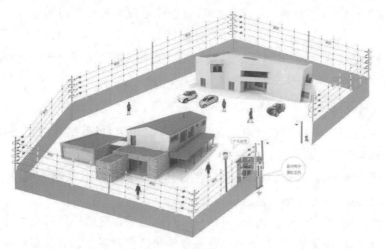

图 6-15 封闭圈补充

6.3.2 摄像机安装的基本原则

1. 考虑环境因素时立杆点位的选择

(1)立杆点与立杆点之间的距离原则上不大于 300 m。

（2）原则上立杆的位置距离监控目标区域最近距离不得小于 5 m，最远距离不得大于 50 m，这样才能保证监控画面能包含更多有价值的信息。

（3）在附近有光源的地方，优先考虑可利用光源。但要注意摄像机的安装位置应在顺光方向。

（4）尽量避免安装在有高反差的地方，如果必须安装则考虑：①开启曝光补偿（效果不明显）；②采用补光灯；③将地下道的摄像机设置在出入口外面；④设置在通道靠里位置。

（5）立杆位置尽量避开绿化树木或有其他遮挡物体，如果必须安装则要考虑避开树木或其他遮挡物的遮挡，还要为树木以后的生长留下空间。

（6）勘察时要注意，尽量从交警信号机、路灯配电箱、政府、较大的企事业单位（如政府部门、公交公司、供水集团、医院等）取电，便于协调，提高用电的稳定性。尽量避免从小商业用户取电，特别是民用用户取电。

（7）安装在道路一侧的枪机，注意要逆向拍摄行人及非机动车道来往行人的脸部特征。

（8）安装在公交车站的摄像机应尽量布置在车尾方向，避开车辆大灯，便于捕获上车人员画面。

2. 考虑摄像机类型时立杆高度的选择

合理选择立杆，避免摄像机被遮挡。在社会治安监控立杆的选择上，根据不同摄像机类型，尽量选择满足达到最佳监控效果的立杆高度：3.5～5.5 m 的高度都可作为选择高度。

1）枪机立杆高度的选择

针对枪式摄像机立杆的选择，尽量选取高度相对较低的立杆，通常选择高度为3.5～4.5 m 的立杆。

2）球形摄像机立杆高度的选择

球形摄像机可以 360°旋转，且焦距可调，所以球形摄像机所选择的立杆应尽可能地高，通常我们选择 4.5～5.5 m 的立杆。上述各种高度的立杆，应根据立杆位置与监控目标位置的距离和取景方向选择合理的横臂长度，避免横臂过短不能拍摄到合适的监控内容。在有被遮挡的环境中，宜选择 1 m 或 2 m 的横臂，以减少遮挡。

3. 摄像机种类的选择

监控摄像机选择的基本原则要以满足实际业务应用为目标，结合监控现场和目标范围的具体情况，科学合理地选择摄像机种类。

（1）案件高发地点、公共复杂场所、易发生群体性事件的重点敏感区域、主要路段、人流密集区和重要警卫目标等宜采用高清摄像机。

（2）在重点部位、重点单位周边、公园、广场、景点区域和交通路段等监控点，如果既需要监控大范围区域和整体场景，又需要通过镜头变倍和云台控制辨识人员面部特征、车辆车牌和局部现场情况，宜采用高速快球摄像机或云台枪机。

（3）在背街小巷、偏离路段、治安盲区等区域，人员车辆经过少、同时需要监控的部位多、角度多，宜采用带预置点巡航、花样扫描等功能的智能快球摄像机。

（4）对夜间环境照明条件比较差，又不适合采用白炽灯补光的监控点，宜采用红外摄像机或星光级摄像机。

6.3.3 视频监控产品的选型和设计参考

1.一般场环境下摄像机的选型原则

(1)在人员较多的出入口和楼梯口需要安装高清的半球摄像机或者枪机。

(2)在电梯安装广角半球摄像机,如图 6-16 所示。

(a)超广角摄像机校正前　　　　　　　　(b)超广角摄像机校正后

图 6-16　超广角镜头

(3)在停车场的出入口,车辆进出时,车灯光线很强,一般摄像机是无法正常获取视频图像的。需要在强光下也可获取到高清晰图像的摄像机,安装强光抑制枪机,如图 6-17 所示。

(a)不具有强光抑制效果的摄像机　　　　　(b)具有强光抑制效果的摄像机

图 6-17　强光抑制枪机

(4)周边外围停车场空间较大,光线充足,监视范围广,要求摄像机有较大的视野,可安装高清网络摄像机和快球网络摄像机。高清网络摄像机采用 180°拼接的方式进行大画面监控,进行球机联动时,球机自动跟踪进入监控区域的人员或者车辆。紧急情况下,可切换为手动模式进行 PTZ 操作,如图 6-18 所示。

图 6-18　画面拼接后整体画面效果

2. 室外及周界场所

室外及周界场所夜间照度较低,普通的低照度摄像机不能完整地呈现出彩色效果。此时需要采用 HIC5421DH 的星光级摄像机,可以在星光级的照度下(0.0002LUX)呈现出鲜明的亮度和色彩效果,如图 6-19 所示。

图 6-19　星光级摄像机对比效果

3. 出入口场景

出入口往往光线反差比较大,普通摄像机很难看清进出人员的面部细节。因此,需要选用支持宽动态的高清网络摄像机,如图 6-20 所示。

图 6-20　宽动态网络摄像机效果对比

4. 室内走廊

室内走廊为狭长形监控区域,采用普通 16:9 横纵比的摄像机监控时的有效监控场景较小。因此,需要选用支持 9:16 横纵比的网络摄像机,如图 6-21 所示。

5. 食堂操作间监控

食堂操作间具有油烟多和水蒸气多两大难点。油烟多,则摄像机护罩很容易积累油渍,后续清理成本高;水蒸气多,需要监控设备具有很好的密封性,避免水分进入,影响设备正常工作,同时由于水蒸气太多,导致图像模糊。通过 IP66 防护等级的枪机护罩,配合防油玻璃实现防水蒸气、防油渍的功能,同时高清枪式网络摄像机支持光学透雾功能,有效地解决了图像模糊的问题,如图 6-22 所示。

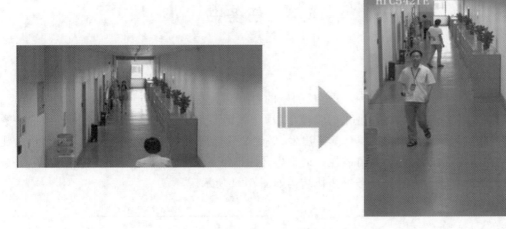

图 6-21　9∶16 横纵比的网络摄像机

图 6-22　透雾开启前后效果对比

6.易燃易爆区域监控

企业园区内易燃易爆区域的监控,如油库、化工厂等区域,需要专用的防爆产品,以避免设备产生的火花引起爆炸事件的发生。常用的防爆产品有防爆枪式摄像机、防爆云台一体摄像机和防爆球形摄像机,如图 6-23 所示。

图 6-23　防爆枪式摄像机

6.4　任务书

为加强学生管理、保证学校及全校师生的财产和人身安全,创造一个安全、文明、舒适、温馨、高效的和谐校园,提高现代的管理手段,这就需要建立并完善安全文明的校园网络数字监控防盗系统。从项目的具体实际出发,做到配置合理,留有扩展余地,技术先进,性价比高,确保系统性能高质量、高可靠性。请学生参照以下方案,设计出教学楼的监控方案,并进行设备选型和投资估算。任务书拓扑结构如图 6-24 所示。

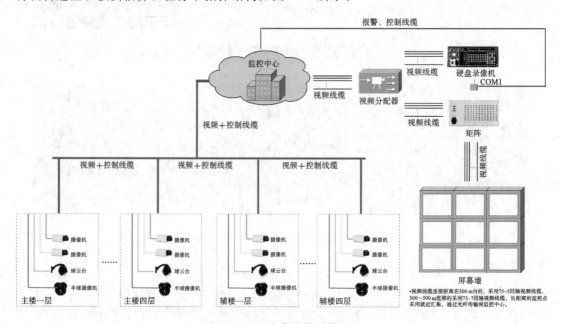

图 6-24　任务书拓扑结构图

6.5　任务分组

任务分组如表 6-3 所示。

表 6-3　任务分组表

班级		组别		指导老师	
		——组 员 列 表——			
姓名	学号	任 务 分 工			

6.6　工作准备

学生按照各自划分的小组针对工作计划与实施章节的内容,进行监控设备选型、工程费用报价、输出完整的方案设计,简要写出施工计划。

6.7　引导问题

监控系统包括哪些设备,如何报价,是很多人常问的问题,我们针对监控系统完整报价清单、各项施工报价两个方面向学生展示。

6.7.1　监控系统的清单

我们把监控系统分为三个部分,前端设备、后端设备、线缆,分别都有相应的设备。图6-25所示的为监控系统部分清单截图。

6.7.2　监控系统施工分项报价

目前监控系统施工报价用得最多的报价方式就是按百分比报施工费与按分项报施工费,其中分项报施工费是难点,主要缺少参考标准,图 6-26 所示的为部分分项报价截图。

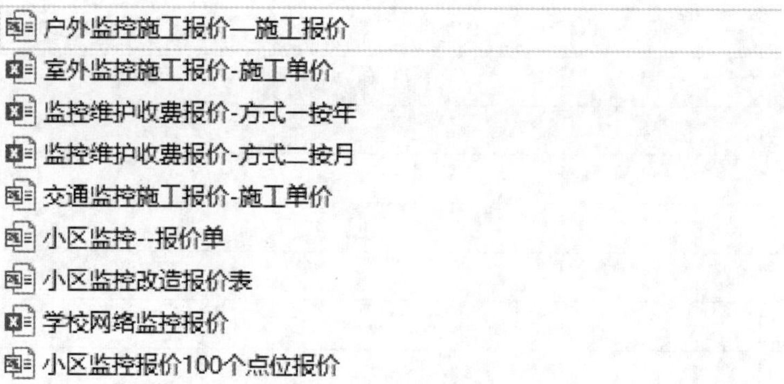

户外监控施工报价—施工报价

室外监控施工报价-施工单价

监控维护收费报价-方式一按年

监控维护收费报价-方式二按月

交通监控施工报价-施工单价

小区监控--报价单

小区监控改造报价表

学校网络监控报价

小区监控报价100个点位报价

图 6-25　监控系统部分清单截图

项目名称		报价日期	
客户名称		报价单位	
联系人		公司网址	
客户电话		联系人	
客户传真		联系电话	

一、视频监控系统(8个监控点)(人民币:元)

序号	项目名称	主材品牌	规格型号	单位	工程量	单价	合计	备注
a. 监控前端部分								
1	红外枪式摄像机(数字高清)	海康威视	DS-2CD3T10(D)-I3/I5	台	7	280.00	￥1960	130万高清摄像机,照射距离可达 20～30 m,(可根据现场情况调整为半球,价格不变)
2	摄像头电源	国标	2A	台	7	10.00	￥70	
3	摄像头安装支架	国标		个	7	25.00	￥175	
4	摄像机安装调试费	国标		个	7	60.00	￥420	打水晶头,安装摄像机,调试等
b. 监控后端部分								
5	NVR 录像机	海康威视	7808NB-K1/8P	台	1	850.00	￥850	8路录像接入,支持 130 万像素摄像机,1 个 SATA 接口
6	24 口接入交换机	H3C	LS-MS4024P	台	10	0.00	￥0	可选
7	监控硬盘	希捷	ST4000VX000	个	1	950.00	￥950	监控录像硬盘,录像保存 30 天
8	液晶显示器	飞利浦	32 寸	台	1	1350.00	￥1350	录像机监控显示
9	设备安装辅材			批	1	350.00	￥350	扎带、螺丝、胶布等固定件
10	安装调试费			项	1	800.00	￥800	设备的安装,调试,人员培训等

图 6-26　部分分项报价截图

c.监控布线部分

11	网络线材	安讯普	超五类非屏蔽	米	480	1.80	￥864	从录像机布线至每个点
12	电源线	金联宇	RVV2×1.0	米	0	0.00	￥0	可选
13	PVC管	联塑	φ20	米	230	2.00	￥460	含直通、接头
14	工程辅材			批	1	350.00	￥350	胶塞、螺丝、胶布、扎带等
15	工程布线施工费		监控点	个	7	85.00	￥595	监控摄像头布线
	小计						￥9194	

概述:监控系统设备采用一线知名品牌,海康威视网络百万高清摄像机及NVR录像机,支持远程查看。工程含布线,含设备安装及系统调试,培训使用

A	合计	￥9194	
B	税费3%	￥276	
C	总计	￥9470	

概述:工程包含布线施工,含设备安装及调试

续图 6-26

6.8 工作计划与实施

以下为××大学的智慧安防系统设计目录,仅供参考。

××大学校园智慧安防系统
设计方案

目　录

第一章　项目概述
　　1.1　项目背景
　　1.2　项目需求

请学生在下画线上填写本模块工作任务的计划、输出成果。

_____

_____

_____

_____

_____

_____

_____

_____

_____

_____

_____

_____

_____

_____

_____

_____

_____

_____

_____

_____

_____

_____

_____

_____

_____

_____

_____

6.9 评价反馈

评价反馈表如表 6-4 所示。

表 6-4 评价反馈表

班级：　　　　　　姓名：　　　　　　学号：　　　　　　评价时间：

评价内容	项目		自己评价				同学评价				教师评价			
			A	B	C	D	A	B	C	D	A	B	C	D
评价内容	课前准备	信息收集												
		工具准备												
	课中表现	发现问题												
		分析问题												
		解决问题												
	任务完成	方案设计												
		任务实施												
		资料归档												
		知识总结												
	课堂纪律	考勤情况												
		课堂纪律												

续表

学生自我总结：

备注：A 为优秀，B 为良好，C 为一般，D 为不及格。

6.10　相关知识点

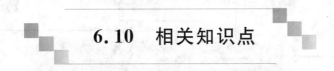

请学生将本模块所学到的知识点进行归纳，并写入表 6-5。

表 6-5　相关知识点

6.11　习题巩固

根据图 6-27 描述方案中所涉及的数据中心控制室的设计、设备选型和产品特点进行设计。

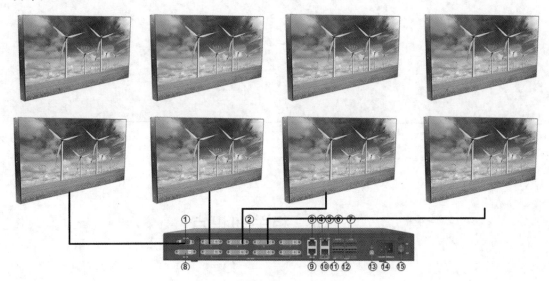

图 6-27　数据中心控制室的设计

一级监控中心控制室设在××办公楼××楼，包括电视墙和控制台两个部分。

中心屏显系统：中间由 8(2×4) 块单屏尺寸为 50 寸的高亮度液晶显示屏组成，可滚动显示有关信息。配备宇视科技的 DC2804-FH 和 DC2808-FH 视频解码器连接，获取视频信号。

控制台：操作台设置 2 台双显卡输出 PC 机，配置 4 台 21 寸液晶显示器，同时配置 2 台矢量控制键盘。

内容略。

6.12　思政案例分享

思政案例分享见二维码。

模块七 物联网工程项目概预算

7.1 学习目标

1. 任务目标

- 了解通信工程概预算涉及的内容；
- 了解通信工程概预算编制方法和注意事项；
- 掌握通信工程概预算编制的基本技能；
- 提高通信工程概预算编制的水平。

2. 能力目标

- 掌握概预算的基础知识和取费标准，能够准确编制工程概（预）算；
- 重点掌握概预算定额，详细了解定额中的变化部分，能够做出准确的竣工决算；
- 根据工序合理安排设计、施工周期，能够依据概预算文件合理估算工程投资。

3. 素质目标

- 培养主动学习的意识；
- 培养独立思考的能力；
- 培养认真仔细的态度。

4. 思政目标

- 培养学生以知识服务社会的意识；
- 培养学生爱岗敬业的品德。

7.2 学期情境描述

微课：v7-1
工程各阶
段费用讲
解

概预算是指工程建设项目在开工前，对所需的各种人力、物力资源及资金的预先计算。其目的在于有效地确定和控制建设项目的投资和进行人力、物力、财力的准备工作，以保证工程项目的顺利建成。

在我国,一般的大中型和限额以上的建设项目从建设前期工作到建设、投产要经过项目建议书、可行性研究、初步设计、施工图设计、招投标、合同实施、初步设计、竣工验收等环节,涉及估算、概算、预算、标底、合同价、结算价、决算价等工程费的概念,如图 7-1 所示。

工程建设流程	出现顺序
项目建议书和可行性研究阶段	投资估算
初步设计阶段	设计概算
施工图设计阶段	预算造价
招投标阶段	标底
合同实施阶段	合同价
竣工验收阶段	结算、决算

图 7-1 工程建设各阶段费用

1. 估算

估算也称为投资估算,发生在项目建议书和可行性研究阶段。

估算的依据是项目规划方案(方案设计),对工程项目(含建安工程、室外工程、设备和安装工程等)可能发生的工程费、工程建设其他费用、预备费和建设期利息(如果有贷款)进行计算,用于计算项目投资规模和融资方案选择,供项目投资决策部门参考。

估算时要注意准确而全面地计算工程建设其他费用,这部分费用的地区性和政策性较强。

随着项目逐步细化,按照投资估算规程,可以得到不同精细程度的估算,依据建设单位的要求,可在详细可行性研究阶段出具标志性的估算报告。

2. 概算

概算也称为设计概算,发生在初步设计或扩大初步设计阶段。

以初步设计或施工图设计图纸、概算指标、概算定额及现行的计费标准市场信息等为依据,按照建设项目设计概算规程,逐级(单位工程、单项工程、建设项目)计算建设项目建设总投资。

概算需要具备初步设计或扩大初步设计图纸,对项目建设费计算确定工程造价;编制概算要注意不能漏项、缺项或重复计算,标准要符合定额或规范。

3. 预算

预算也称为施工图预算,发生在施工图设计阶段。以建筑安装施工图设计图纸为对象,依据现行的计价规范(建设工程的工程量清单计价规范、相应工程的工程量计算规范)、消耗量定额、人机料市场价格、费用标准,按照建设项目施工图预算编审规程,逐级(分项工程、分部工程、单位工程、单项工程)计算的建筑安装工程造价(项目要求时,还要汇总为建设项目建设总投资)。

预算需要具备施工图纸,汇总项目的人机料的预算,确定建安工程造价;编制预算的关键是计算工程量、准确套用预算定额和取费标准。

4. 标底

标底是招投标的术语,是指内部掌握的建设单位对拟发包的工程项目准备付出全部费用的额度。

标底一般先由设计单位、工程咨询服务部门或专门从事建筑预算定额部门,编制出设计概算或施工预算,然后经建设单位和主管机关、建设银行等共同审查后确定。标底是选择中标企业的一个重要指标,在开标前要严加保密,防止泄漏,以免影响招标的正常进行。标底确定得是否合理、切合实际,是选择最有利的投标企业的关键环节,是实施建设项目的重要步骤。确定标底时,不能认为把标价压得越低越好,要定得合理,要让中标者有利可图,才能调动其积极性,努力完成建设任务。

5. 合同价

合同价是指在工程招投标阶段通过签订总承包合同、建筑安装工程承包合同、设备材料采购合同,以及技术和咨询服务合同确定的价格。合同价属于市场价格的性质,它是由承发包双方,即商品和劳务买卖双方根据市场行情共同议定和认可的成交价格,但它并不等同于最终决算的实际工程造价。

6. 结算

结算也称为竣工结算,发生在工程竣工验收阶段,是在建筑安装施工任务结束后,对其实际的工程造价进行的核对与结清。

结算一般由工程承包商(施工单位)提交,以招标文件选定的计价方式,依据施工合同,实施过程中的变更签证等,按照合同规定、建设项目结算规程及清单计价规范,完成的施工过程价款结算与竣工最后结清。同时,要汇总、编制建筑安装工程实际工程造价竣工结算文件。

7. 决算

决算也称为竣工决算,是整个项目竣工时,建设单位对完成的整个项目从筹建到竣工投产使用的实际花费所做的财务汇总。

竣工决算的成果文件称为竣工决算书。竣工决算书由竣工财务决算说明书、竣工财务决算报表、工程竣工图和工程竣工造价对比分析四部分组成。

建设项目竣工决算是办理交付使用资产的依据,也是竣工验收报告的重要组成部分。

一般情况下,结算是决算的组成部分,是决算的基础。决算不能超过预算,预算不能超过概算,概算不能超过估算。

7.3　知识准备

7.3.1　建设项目的基本概念

建设项目是指按一个总体设计进行建设,经济上实行统一核算,行政上有独立的组织形式,实行统一管理的建设单位。凡属于一个总体设计中分期分批进行建设的主体工程和附属配套工程、综合利用工程等都应作为一个建设项目。

建设项目按照合理确定工程造价和建设管理工作的需要，可划分为单项工程、单位工程、分部工程、分项工程。

单项工程是指具有单独的设计文件，建成后能够独立发挥生产能力或效益的工程。

单位工程是指具有独立的设计，可以独立组织施工的工程，但建成后不能独立发挥生产能力或使用效益的工程。

分部工程是单位工程的组成部分。

分项工程是分部工程的组成部分。

以物联网工程当中的通信系统为例，工程分类如表 7-1 所示。

表 7-1　通信建设单项工程项目划分表

专业类别	单项工程名称	备注
通信线路工程	(1)××光缆、电缆线路工程； (2)××水底光缆、电缆工程(包括水线房建筑及设备安装)； (3)××用户线路工程(包括主干及配线光缆、电缆、交接及配线设备、集线器、杆路等)； (4)××综合布线系统工程	进局及中继光缆、电缆工程可按每个城市作为一个单项工程
通信管道建设工程	××通信管道建设工程	
通信传输设备安装工程	(1)××数字复用设备及光、电设备安装工程； (2)××中继设备、光放设备安装工程	
微波通信设备安装工程	××微波通信设备安装工程(包括天线、馈线)	
卫星通信设备安装工程	××地球站通信设备安装工程(包括天线、馈线)	
移动通信设备安装工程	(1)××移动控制中心设备安装工程； (2)基站设备安装工程(包括天线、馈线)； (3)分布系统设备安装工程	
通信交换设备安装工程	××通信交换设备安装工程	
数据通信设备安装工程	××数据通信设备安装工程	
供电设备安装工程	××电源设备安装工程(包括专用高压供电线路工程)	

7.3.2　建设项目分类

1. 按照投资的用途不同分类

1) 生产性建设

生产性建设是指直接用于物质生产或为满足物质生产需要的建设。

2) 非生产性建设

非生产性建设一般是指用于满足人民物质文化生活需要的建设。

2. 按照投资的性质不同分类

1) 基本建设

基本建设分为新建项目、扩建项目、改建项目、恢复项目、迁建项目。

2）技术改造

技术改造是指利用自有资金、国内外贷款、专项基金和其他资金，通过采用新技术、新工艺、新设备、新材料对现有固定资产进行更新、技术改造及其相关的经济活动。

3.按照建设阶段不同分类

建设项目分为筹建项目、本年正式施工项目、本年收尾项目、竣工项目、停缓建项目。

4.按照建设规模不同,建设项目可划分为大中型项目和小型项目

1）基建大中型项目和技改限上项目

基建大中型项目是指长度在 500 km 以上的跨省、区长途通信光缆、电缆，长度在 1000 km 以上的跨省、区长途通信微波，以及总投资在 5000 万元以上的其他基本建设项目。

技改限上项目是指限额在 5000 万元以上技术改造项目。

2）基建小型项目和技改限下项目

内容略。

7.3.3　定额

1.定额的概念

微课:v7-2
定额的介绍

在生产过程中，为了完成某一单位合格产品，要消耗一定的人工、材料、机具设备和资金。由于这些消耗受技术水平、组织管理水平及其他客观条件的影响，所以其消耗水平是不相同的。因此，为了统一考核其消耗水平，便于经营管理和经济核算，就需要有一个统一的平均消耗标准。

所谓定额，就是在一定的生产技术和劳动组织条件下，完成单位合格产品在人力、物力、财力的利用和消耗方面应当遵守的标准。

建设工程定额的分类如下。

(1)按照建设工程定额反映的物质消耗内容分类：

①劳动消耗定额；

②材料消耗定额；

③机械消耗定额。

(2)按照定额的编制程序和用途分类：

①施工定额(施工单位直接用于施工管理的一种定额)；

②预算定额(编制预算时使用的定额)；

③概算定额(编制概算时使用的定额)；

④投资估算指标(在项目建议书和可行性研究阶段编制投资估算、计算投资需要量时使用的一种定额)；

⑤工期定额(为各类工程规定的施工期限的定额天数)。

(3)现行通信建设工程定额的构成：

①通信建设工程预算定额；

②通信建设工程费定额；

③通信建设工程施工机械台班费定额；

④通信行业工程勘察、设计收费工日定额；

⑤其他相关文件。

2.定额的作用

(1)概算定额是初步设计阶段编制建设项目概算和技术设计阶段编制修正概算的依据。

(2)概算定额是比较设计方案的依据。其目的是选择技术先进可靠、经济合理的方案，在满足使用功能的条件下，达到降低造价和资源消耗的目的。

(3)概算定额是编制主要材料需要量的计算基础。根据概算定额所列材料消耗指标计算工程用料数量，可在施工图设计之前提出供应计划，为材料的采购、供应做好准备。

(4)概算定额是编制概算指标和投资估算指标的依据。

(5)概算定额也是工程招标承包制中，对已完工程进行价款结算的主要依据。

3.预算定额的含义说明

预算定额的含义说明如图7-2所示。

图 7-2　预算定额的含义说明

4.通信建设工程费定额

通信建设工程项目总费用由各单项工程费用构成，如图7-3和图7-4所示。

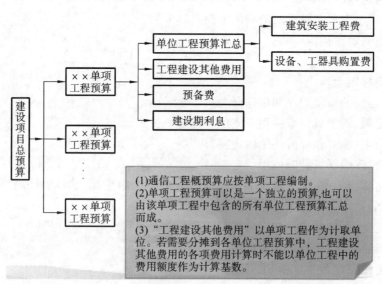

图 7-3　通信建设工程项目总费用

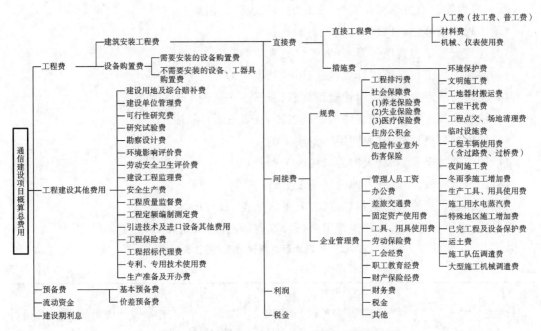

图 7-4 通信建设单项工程概算费用组成

7.3.4 概预算编制

1. 编制步骤

通信建设工程概预算采用实物编制法,其步骤如图 7-5 所示。

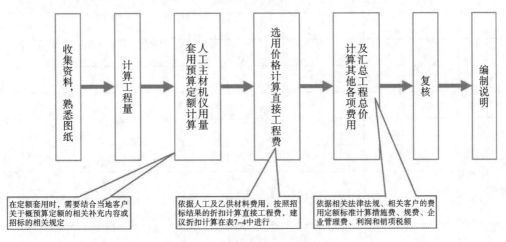

图 7-5 概预算编制步骤

2.概预算内容

预算表由建设项目总概预算表(汇总表)(见表7-2)组成:

(1)工程概预算总表(表一)(见表7-3);

(2)建筑安装工程费概预算表(表二)(见表7-4);

(3)建筑安装工程量概预算表(表三甲)(见表7-5);

(4)建筑安装工程机械使用费概预算表(表三乙)(见表7-6);

(5)建筑安装工程仪器仪表使用费概预算表(表三丙)(见表7-7);

(6)国内器材概预算表(表四甲)(见表7-8);

(7)国内器材概预算表(表四乙)(见表7-9);

(8)国内器材概预算表(表四丙)(见表7-10);

(9)工程建设其他费用概预算表(表五甲)(见表7-11);

(10)引进设备工程建设其他费用概(预)算表(表五乙)(见表7-12)。

表 7-2　建设项目总概预算表(汇总表)

建设项目名称:　　　　　建设单位名称:　　　　　表格编号:　　　　　第　页

序号	表格编号	工程名称	小型建筑工程费	需要安装的设备费	不需安装的设备、工器具费	建筑安装工程费	其他费用	预备费	总价值		生产准备及开办费
			/元						人民币/元	其中外币	/元
Ⅰ	Ⅱ	Ⅲ	Ⅳ	Ⅴ	Ⅵ	Ⅶ	Ⅷ	Ⅸ	Ⅹ	Ⅺ	Ⅻ
		××设备安装工程									
		××设备安装工程									
		××设备安装工程									
		合计:									

设计负责人:　　　　　审核:　　　　　编制:　　　　　编制日期:　　年　　月

表 7-3　工程概预算总表(表一)

建设项目名称：

工程名称：　　　　　　　建设单位名称：　　　　　　表格编号：　　　　　　第　页

序号	表格编号	费用名称	小型建筑工程费	需要安装的设备费	不需安装的设备、工器具费	建筑安装工程费	其他费用	预备费	总价值	
			/元						人民币/元	其中外币
Ⅰ	Ⅱ	Ⅲ	Ⅳ	Ⅴ	Ⅵ	Ⅶ	Ⅷ	Ⅸ	Ⅹ	Ⅺ
		工程费								
		工程建设其他费用								
		合计								
		预备费								
		建设期利息								
		总计								
		生产准备及开办								

设计负责人：　　　　　审核：　　　　　编制：　　　　　编制日期：　　年　　月

表 7-4　建筑安装工程费概预算表(表二)

工程名称：　　　　　　　建筑单位名称：　　　　　　表格编号：　　　　　　第　页

序号	费用名称	依据和计算方法	合计/元	序号	费用名称	依据和计算方法	合计/元
Ⅰ	Ⅱ	Ⅲ	Ⅳ	Ⅰ	Ⅱ	Ⅲ	Ⅳ
	建筑安装工程费			(二)	措施费		
一	直接费			1	环境保护费		
(一)	直接工程费			2	文明施工费		
1	人工费			3	工地器材搬运费		
(1)	技工费			4	工程干扰费		
(2)	普工费			5	工程点交、场地清理费		
2	材料费			6	临时设施费		
(1)	主要材料费			7	工程车辆使用费(含过路费、过桥费)		
(2)	辅助材料费			8	夜间施工增加费		
3	机械使用费			9	冬雨季施工增加费		
4	仪表使用费			10	生产工具、用具使用费		

续表

序号	费用名称	依据和计算方法	合计/元	序号	费用名称	依据和计算方法	合计/元
11	施工用水电蒸汽费			1	工程排污费		
12	特殊地区施工增加费			2	社会保障费		
13	已完工程及设备保护费			3	住房公积金		
14	运土费			4	危险作业意外伤害保险费		
15	施工队伍调遣费			（二）	企业管理费		
16	大型施工机械调遣费			三	利润		
二	间接费			四	税金		
（一）	规费						

设计负责人： 审核： 编制： 编制日期： 年 月

表 7-5 建筑安装工程量概预算表（表三甲）

工程名称： 建筑单位名称： 表格编号： 第 页

序号	定额编号	项目名称	单位	数量	单位定额值/工日		合计值/工日	
					技工	普工	技工	普工
I	II	III	IV	V	VI	VII	VIII	IX
	××	××	××	××	××	××	××	××
		合计						

设计负责人： 审核： 编制： 编制日期： 年 月

表 7-6　建筑安装工程机械使用费概预算表（表三乙）

工程名称：　　　　　　　　建筑单位名称：　　　　　　　　表格编号：　　　　　　第　页

序号	定额编号	项目名称	单位	数量	机械名称	单位定额值		合计值	
						数量/台班	单价/元	数量/台班	单价/元
Ⅰ	Ⅱ	Ⅲ	Ⅳ	Ⅴ	Ⅵ	Ⅶ	Ⅷ	Ⅸ	Ⅹ
	××	××	××	××	××	××	××	××	××
		合计							

设计负责人：　　　　　　审核：　　　　　　编制：　　　　　　编制日期：　年　月

表 7-7　建筑安装工程仪器仪表使用费概预算表（表三丙）

工程名称：　　　　　　　　建筑单位名称：　　　　　　　　表格编号：　　　　　　第　页

序号	定额编号	项目名称	单位	数量	仪表名称	单位定额值		合计值	
						数量/台班	单价/元	数量/台班	单价/元
Ⅰ	Ⅱ	Ⅲ	Ⅳ	Ⅴ	Ⅵ	Ⅶ	Ⅷ	Ⅸ	Ⅹ
	××	××	××	××	××	××	××	××	××
		合计							

续表

序号	定额编号	项目名称	单位	数量	仪表名称	单位定额值		合计值	
						数量/台班	单价/元	数量/台班	单价/元

设计负责人：　　　　　审核：　　　　　编制：　　　　　编制日期：　　年　　月

表 7-8　国内器材概预算表（表四甲）——需要安装的设备表

工程名称：　　　　　建筑单位名称：　　　　　表格编号：　　　　　第　页

序号	名称	规格程式	单位	数量	单价/元	合计/元	备注
Ⅰ	Ⅱ	Ⅲ	Ⅳ	Ⅴ	Ⅵ	Ⅶ	Ⅷ
	××	××	××	××	××	××	
	小计						
	运杂费（小计×1.2%）						
	运输保险费（小计×0.4%）						
	采购及保管费（小计×0.82%）						
	采购代理服务费（按实计取1%）						
	合计						

设计负责人：　　　　　审核：　　　　　编制：　　　　　编制日期：　　年　　月

表 7-9　国内器材概预算表（表四乙）——不需要安装的设备表

工程名称：　　　　　建筑单位名称：　　　　　表格编号：　　　　　第　页

序号	名称	规格程式	单位	数量	单价/元	合计/元	备注
Ⅰ	Ⅱ	Ⅲ	Ⅳ	Ⅴ	Ⅵ	Ⅶ	Ⅷ

序号	名称	规格程式	单位	数量	单价/元	合计/元	备注
	××	××	××	××	××	××	
	小计						
	运杂费(小计×1.2%)						
	运输保险费(小计×0.4%)						
	采购及保管费(小计×0.41%)						
	采购代理服务费(按实计取1%)						
	合计						

设计负责人： 审核： 编制： 编制日期： 年 月

表 7-10 国内器材概预算表(表四丙)——主要材料表

工程名称： 建筑单位名称： 表格编号： 第 页

序号	名称	规格程式	单位	数量	单价/元	合计/元	备注
I	II	III	IV	V	VI	VII	VIII
	××电缆	××	××	××	××	××	
	小计						
	运杂费(小计×3.0%)						
	运输保险费(小计×0.1%)						
	采购及保管费(小计×1.0%)						
	采购代理服务费(按实计取1%)						
	合计1						
	××钢架						
	运杂费(小计2×7.2%)						
	运输保险费(小计2×0.1%)						
	采购及保管费(小计2×1.0%)						
	采购代理服务费(按实计取1%)						
	合计2						

续表

序号	名称	规格程式	单位	数量	单价/元	合计/元	备注
	总计						

设计负责人：　　　　　审核：　　　　　编制：　　　　　编制日期：　年　月

表 7-11　工程建设其他费用概预算表（表五甲）

工程名称：　　　　　建筑单位名称：　　　　　表格编号：　　　　　第　页

序号	费用名称	计算依据及方法	金额/元	备注
I	II	III	IV	V
1	建设用地及综合赔补费			
2	建设单位管理费			
3	可行性研究费			
4	研究试验费			
5	勘察设计费			
6	环境影响评价费			
7	劳动安全卫生评价费			
8	建设工程监理费			
9	安全生产费			
10	工程质量监督费			
11	工程定额编制测定费			
12	引进技术及进口设备其他费用			
13	工程保险费			
14	工程招标代理费			
15	专利、专有技术使用费			
	总计			
16	生产准备及开办费（运营费）			

设计负责人：　　　　　审核：　　　　　编制：　　　　　编制日期：　年　月

表 7-12　引进设备工程建设其他费用概预算表（表五乙）

工程名称：　　　　　建筑单位名称：　　　　　表格编号：　　　　　第　页

序号	费用名称	计算依据及方法	金额/元		备注
			外币	折合人民币/元	
I	II	III	IV		V

续表

序号	费用名称	计算依据及方法	金额/元		备注
			外币	折合人民币/元	

设计负责人：　　　　审核：　　　　编制：　　　　编制日期：　年　月

7.4　任务书

　　公司设计部承接的物联网工程项目设计工作任务——某教学楼视频监控网络改造项目，参考模块六，现已进入设计概预算阶段。本次任务包括输出方案图纸、工程概预算。具体要求如下：

　　①全面分析前期设计文档，进行工程项目设计概预算，包括项目设计材料与设备费设计概预算、设备安装与机械仪器使用费设计概预算、人工与其他费用设计概预算等，产生工程项目设计概预算相关信息和数据；

　　②全面分析前期设计文档（主要是施工方案），进行教学楼监控网络改进工程项目设计概预算表的填写；

　　③编制设计概预算书。

7.5 任务分组

任务分组如表7-13所示。

表 7-13　任务分组表

班级		组别		指导老师	
组员列表					
姓名	学号	任务分工			

7.6 工作准备

根据物联网智能办公室工程项目概预算进度的安排,设计人员列好以下设备清单,具体如下。

(1)便携电脑:记录、保存和输出数据。

(2)应用软件:Office(Excel)、AutoCAD、制图等软件。

(3)投影仪:用于设计方案的讨论。

(4)最新信息通信建设工程预算定额(工信部通信 2016-451)和《2013 年建设工程工程量清单计价规范》(GB 50500—2013):用于概预算。

7.7　引导问题

（1）从物联网工程项目概预算工作任务单、工程项目前期设计文档中（主要是施工方案）进行分析和设计，得出视频监控工程项目设计材料与设备费设计概预算、设备安装与机械仪器使用费设计概预算。

（2）从物联网工程项目概预算工作任务单、视频监控工程项目前期设计文档中（主要是施工方案）进行分析和设计，得出视频监控工程项目设计人工与其他费用设计概预算。

（3）整理上述视频监控工程项目设计概预算信息，形成项目设计概预算书。

（4）确定设计概预算书。选择建设单位工作时间，提前一天联系单位联系人，和他们技术人员一起确定视频监控工程项目设计概预算。

7.8　工作计划与实施

信息通信建设工程项目总费用由各单项工程项目总费用构成，各单项工程项目总费用由工程费、工程建设其他费用、预备费、建设期利息四部分构成，具体如图 7-6 所示。

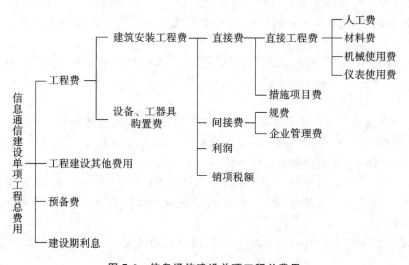

图 7-6　信息通信建设单项工程总费用

第一章　工程费

1.1　建筑安装工程费

建筑安装工程费由直接费、间接费、利润和销项税额组成,各费用均为不包括增值税可抵扣进项税额的税前造价。

1.1.1　直接费

直接费由直接工程费和措施项目费构成。直接工程费是指施工过程中耗用的构成工程实体和有助于工程实体形成的各项费用,包括人工费、材料费、机械使用费、仪表使用费。

1.1.1.1　人工费

人工费是指直接从事建筑安装工程施工的生产人员开支的各项费用,具体内容如下。

(1)基本工资是指发放给生产人员的岗位工资和技能工资。

(2)工资性补贴是指规定标准的物价补贴、煤/燃气补贴、交通费补贴、住房补贴、流动施工津贴等。

(3)辅助工资是指生产人员年平均有效施工天数以外非作业天数的工资,包括职工学习、培训期间的工资,调动工作、探亲、休假期的工资,因气候影响的停工工资,女工哺乳期间的工资,病假在六个月以内的工资,以及产、婚、丧假期的工资。

(4)职工福利费是指按标准规定计取的职工福利费。

(5)劳动保护费是指按标准规定的劳动保护用品的购置费及修理费、徒工服装补贴、防暑降温等保健费。

通信建设工程不分专业和地区工资类别,综合取定人工费。人工费单价为:技工114元/工日,普工61元/工日。

$$概预算人工费＝技工费＋普工费$$
$$概预算技工费＝技工单价×概预算技工总工日$$
$$概预算普工费＝普工单价×概预算普工总工日$$

工日是指一种表示工作时间的计量单位,通常以8小时为一个标准工日,一个职工的一个劳动日,习惯上称为一个工日,不论职工在一个劳动日内实际工作时间的长短,都按一个工日计算。

例如,某项工作,一个职工工作20天完成,那么这项工作的人工量是20个工日。某项工作,20个工人工作一天,这项工作的人工量也是20个工日。

1.1.1.2　材料费

材料费是指施工过程中耗用的构成工程实体的原材料、辅助材料、构配件、零件、半成品的费用和周转使用材料的摊销(或租赁)费,具体内容如下。

(1)材料原价是指供应价或供货地点价。

(2)材料运杂费是指材料自来源地运至工地仓库(或指定堆放地点)所发生的费用。

(3)运输保险费是指材料(或器材)自来源地运至工地仓库(或指定堆放地点)所发生的保险费。

(4)采购及保管费是指为组织材料(或器材)采购及材料保管过程中所需要的各项费用。

(5)采购代理服务费是指委托中介采购代理服务的费用。

(6)辅助材料费是指对施工生产起辅助作用的材料。

材料费计费标准及计算规则为

材料费＝主要材料费＋辅助材料费

主要材料费＝材料原价＋运杂费＋运保费＋采保费＋采购代理服务费

①材料原价为供应价或供货地点的价格。

②运杂费＝材料原价×运杂费费率（见表7-14）。

表7-14　材料运杂费费率表

运距 L/km	光缆费率/（%）	电缆费率/（%）	塑料及塑料制品费率/（%）	木材及木制品费率/（%）	水泥及水泥构件费率/（%）	其他费率/（%）
$L \leqslant 100$	1.3	1.0	4.3	8.4	18.0	3.6
$100 < L \leqslant 200$	1.5	1.1	4.8	9.4	20.0	4.0
$200 < L \leqslant 300$	1.7	1.3	5.4	10.5	23.0	4.5
$300 < L \leqslant 400$	1.8	1.3	5.8	11.5	24.5	4.8
$400 < L \leqslant 500$	2.0	1.5	6.5	12.5	27.0	5.4
$500 < L \leqslant 750$	2.1	1.6	6.7	14.7	—	6.3
$750 < L \leqslant 1000$	2.2	1.7	6.9	16.8	—	7.2
$1000 < L \leqslant 1250$	2.3	1.8	7.2	18.9	—	8.1
$1250 < L \leqslant 1500$	2.4	1.9	7.5	21.0	—	9.0
$1500 < L \leqslant 1750$	2.6	2.0	—	22.4	—	9.6
$1750 < L \leqslant 2000$	2.8	2.3	—	23.8	—	10.2
$L > 2000$，每增加 250 km 增加材料运杂费	0.3	0.2	—	1.5	—	0.6

③运输保险费＝材料原价×保险费费率（0.1%）。

④采购及保管费＝材料原价×采购保管费费率（见表7-15）。

表7-15　采购及保管费费率表

工程专业	计算基础	费率/（%）
通信设备安装工程		1.0
通信线路工程	材料原价	1.1
通信管道工程		3.0

⑤采购代理服务费按实计列。

⑥辅助材料费＝主要材料费×辅助材料费费率（见表7-16）。

表7-16　辅助材料费费率表

工程专业	计算基础	费率/（%）
有线、无线通信设备安装工程		3.0
电源设备安装工程		5.0
通信线路工程	主要材料费	0.3
通信管道工程		0.5

1.1.1.3 机械使用费

机械使用费是指施工机械作业发生机械使用费及机械安拆费,具体内容如下。

(1)折旧费是指施工机械在规定的使用年限内,陆续收回其原值及购置资金的时间价值。

(2)大修理费是指施工机械按规定的大修理间隔台班进行必要的大修理,以恢复正常功能所需的费用。

(3)经常修理费是指施工机械除大修以外的各级保养和临时故障排除所需的费用,包括取得保障机械正常运转所需替换设备与随机配备工具和附具的摊销、维护费、机械运转中日常保养所需润滑与擦拭的材料费及机械停滞期间的维护和保养费等。

(4)安拆费是指施工机械在现场进行安装与拆卸所需的人工费、材料费、机械费和试运转费,以及机械辅助设施的折旧费、搭设费、拆除费等。

(5)人工费是指机上操作人员和其他操作人员在工作台班定额内的人工费。

(6)燃料动力费是指施工机械在运转作业中所消耗的固体燃料(如煤、火柴)、液体燃料(如汽油、柴油)及水电等。

(7)养路费及车船使用税是指施工机械按照国家和有关部门规定应缴纳的养路费、车船使用税、保险费及年检费等。

机械使用费计算标准及计算规则为

$$机械使用费＝机械台班单价×概预算中机械台班量$$

1.1.1.4 仪表使用费

仪表使用费是指施工作业所发生的属于固定资产的仪表使用费,具体内容如下。

(1)折旧费是指施工仪表在规定的年限内,陆续收回其原值及购置资金的时间价值。

(2)经常修理费是指施工仪表的各级保养的临时故障排除所需要的费用,包括保证仪表正常使用所需备件中(备品)的摊销和维护费。

(3)年检费是指施工仪表在使用寿命期间定期标定及年检费。

(4)人工费是指施工仪表操作人员在工作台班定额内的人工费。

仪表使用费计算标准及计算规则为

$$仪表使用费＝仪表台班单价×概预算中的仪表台班量$$

1.1.1.5 措施项目费

人工项目费是指为完成工程项目施工,发生于该工程前和实施过程中非工程实体项目的费用。

(1)文明施工费是指施工现场为达环保要求及文明施工所需的各项费用。

$$文明施工费＝人工费×文明施工费费率(见表7-17)$$

表 7-17 文明施工费费率表

工程专业	计算基础	费率/(%)
无线通信设备安装工程		1.1
通信线路工程、通信管道工程	人工费	1.5
有线通信设备安装工程、电源设备安装工程		0.8

(2)工地器材搬运费(二次搬运费)是指由工地仓库(或指定地点)至施工现场转运

器材而发生的费用。

工地器材搬运费＝人工费×工地器材搬运费费率（见表7-18）

表7-18 工地器材搬运费费率表

工程专业	计算基础	费率/(%)
通信设备安装工程		1.1
通信线路工程	人工费	3.4
通信管道工程		1.2

（3）工程干扰费是指通信线路工程、通信管道工程由于受市政管理、交通管制、人流密集、输配电设施等影响工效的补偿费。

工程干扰费＝人工费×工程干扰费费率（见表7-19）

表7-19 工程干扰费费率表

工程专业	计算基础	费率/(%)
通信线路工程（干扰地区）、通信管道工程（干扰地区）	人工费	6.0
无线通信设备安装工程（干扰地区）		4.0

注：干扰地区是指城区、高速公路隔离带、铁路路基边缘等施工地带。城区的界定以当地规划部门规划文件为准。

（4）工程点交、场地清理费是指按规定竣工图及资料，工程点交、场地清理等发生的费用。

工程点交、场地清理费＝人工费×工程点交、场地清理费费率（见表7-20）

表7-20 工程点交、场地清理费费率表

工程专业	计算基础	费率/(%)
通信设备安装工程		2.5
通信线路工程	人工费	3.3
通信管道工程		1.4

（5）临时设施费是指施工企业为进行工程施工所必须设置的生活和生产用的临时建筑物、构筑物和其他临时设施费等，包括临时租用或搭设、维修、拆除费或摊销费。

临时设施费＝人工费×临时设施费费率（见表7-21）

表7-21 临时设施费费率表

工程专业	计算基础	费率/(%)	
		距离≤35 km	距离＞35 km
通信设备	人工费	3.8	7.6
通信线路	人工费	2.6	5.0
通信管道	人工费	6.1	7.6

（6）工程车辆使用费是指工程施工中接送施工人员、生活用车（含过路过桥）的费用。

工程车辆使用费＝人工费×工程车辆使用费费率（见表7-22）

表 7-22　工程车辆使用费费率表

工程专业	计算基础	费率/(%)
无线通信设备安装工程、通信线路工程	人工费	5.0
有线通信设备安装工程、电源设备安装工程、通信管道工程		2.2

（7）夜间施工增加费是指因夜间施工所发生的夜间补助费、夜间施工降效、夜间施工照明设备摊销及照明用电等费用。

夜间施工增加费＝人工费×夜间施工增加费费率（见表 7-23）

表 7-23　夜间施工增加费费率表

工程专业	计算基础	费率/(%)
通信设备安装工程	人工费	2.1
通信线路工程（城区部分）、通信管道工程		2.5

（8）冬雨季施工增加费是指在冬雨季施工时所采取的防冻、保温、防雨等安全措施及工效降低所增加的费用。

冬雨季施工增加费＝人工费×冬雨季施工增加费费率（见表 7-24 和表 7-25）

表 7-24　冬雨季施工增加费费率表

工程专业	计算基础	费率/(%)		
		Ⅰ	Ⅱ	Ⅲ
通信设备安装工程（室外部分）	人工费	3.6	2.5	1.8
通信线路工程、通信管道工程				

表 7-25　冬雨季施工地区分类表

地区分类	省、自治区、直辖市名称
Ⅰ	黑龙江、青海、新疆、西藏、辽宁、内蒙古、吉林、甘肃
Ⅱ	陕西、广东、广西、海南、浙江、福建、四川、宁夏、云南
Ⅲ	其他地区

注：此费用在编制预算时不考虑施工所处季节，均按相应费率计取。如工程跨越多个地区分类档，按高档计取该项费用。综合布线工程不计取该项费用。

（9）生产工具、用具使用费是指施工所需的不属于固定资产的工具、用具等的购置、摊销、维修费。

生产工具、用具使用费＝人工费×生产工具、用具使用费费率（见表 7-26）

表 7-26　生产工具、用具使用费费率表

工程专业	计算基础	费率/(%)
通信设备安装工程	人工费	0.8
通信线路工程、通信管道工程		1.5

（10）施工用水电蒸汽费是指通信建设工程依照施工工艺要求按实计列施工用水电

蒸汽费。

计算方法:由设计部门根据施工工艺要求按实计列一笔费用。

(11)特殊地区施工增加费是指施工在原始森林、海拔 2000 米以上高原地区、化工区、核工业区、沙漠、山区无人值守站等特殊地区施工所需增加的费用。

特殊地区施工增加费=总工日×特殊地区补贴金额(见表 7-27)

表 7-27 特殊地区补贴金额

地区分类	高海拔地区		原始森林、沙漠、化工区、核工业区、
	4000 米以下	4000 米以上	山区无人值守站
补贴金额/(元/天)	8	25	17

注:如工程所在地同时存在上述多种情况,按高档记取该项费用。

(12)已完工程及设备保护费是指竣工验收前,对已完工程及设备进行保护所需费用。

已完工程及设备保护费=人工费×已完工程及设备保护费费率(见表 7-28)

表 7-28 已完工程及设备保护费费率

工程专业	计算基础	费率/(%)
通信线路工程	人工费	2.0
通信管道工程		1.8
无线通信设备安装工程		1.5
有线通信及电源设备安装工程(室外部分)		1.8

(13)运土费是指直埋光(电)缆工程、管道工程施工需从远离施工地点取土及必须向外倒运土方所发生的费用。

运土费=工程量(吨·千米)×运费单价(元/(吨·千米))

(14)施工队伍调遣费是指因建设工程的需要应支付施工队伍的调遣费,包括调遣人员的差旅费、调遣期间的工资、施工工具与用具等的运费。施工现场与企业的距离在 35 km 以内时,不记取此项费用。

施工队伍调遣费=2×(单程调遣费定额×调遣人数)

式中:单程调遣费定额如表 7-29 所示。

表 7-29 单程调遣费定额

调遣里程 L/km	调遣费/元	调遣里程 L/km	调遣费/元
35<L≤100	141	1600<L≤1800	634
100<L≤200	174	1800<L≤2000	675
200<L≤400	240	2000<L≤2400	746
400<L≤600	295	2400<L≤2800	918
600<L≤800	356	2800<L≤3200	979
800<L≤1000	372	3200<L≤3600	1040

调遣里程 L/km	调遣费/元	调遣里程 L/km	调遣费/元
1000＜L≤1200	417	3600＜L≤4000	1203
1200＜L≤1400	565	4000＜L≤4400	1271
1400＜L≤1600	598	L＞4400 km,每增加 200 km 增加的调遣费	48

注:调遣里程依据铁路里程计算,铁路无法到达的里程部分,依据公路、水路里程计算。

(15)大型施工机械调遣费是指大型施工机械调遣所发生的运输费。

$$大型施工机械调遣费=2×(单程运价×调遣距离×总吨位)$$

1.1.2 间接费

间接费构成如图 7-7 所示。

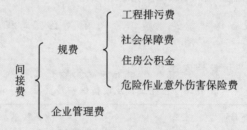

图 7-7 间接费构成

(1)规费是指政府和有关部门规定必须缴纳的费用。

①工程排污费是指施工现场按规定缴纳的工程排污费。

工程排污费根据施工所在地政府部门相关规定缴纳。

②社会保障费包含养老保险费、医疗保险费、失业保险费、工伤保险费和生育保险费。

$$社会保障费=人工费×社会保障费费率$$

③住房公积金是指企业按照规定标准为职工缴纳的住房公积金。

$$住房公积金=人工费×住房公积金费率$$

④危险作业意外伤害保险费是指企业为从事危险作业的建筑安装施工人员支付意外伤害保险费。

$$危险作业意外伤害保险费=人工费×规费费率(见表 7-30)$$

表 7-30 规费费率表

费用名称	工程专业	计算基础	费率/(%)
社会保障费			28.50
住房公积金	各类通信工程	人工费	4.19
危险作业意外伤害保险费			1.00

(2)企业管理费是指施工企业组织施工生产和经营管理所需费用,具体内容如下。

①管理人员的工资是指管理人员的基本工资、工资性补贴、职工福利费、劳动保护费等。

②办公费是指企业管理办公用的文具、纸张、账表、印刷、邮电、书报、会议、水电、烧水和集体取暖(包括现场临时宿舍取暖)用煤等费用。

③差旅交通费是指职工因公出差、调动工作的差旅费、住勤补助费、市内交通费和误餐补助费、职工探亲路费、劳动力招募费、职工离退休金、退休一次性路费、工伤人员就医路费、工地转移费,以及管理部门使用的交通工具的油料、燃料、养路费和牌照费。

④固定资产使用费是指管理和试验部门及附属生产单位使用的属于固定资产的房屋、设备仪器等折旧、大修、维修或租赁费。

⑤工具用具使用费是指管理使用不属于固定资产的生产工具、器具、家具、交通工具的检修、测验、消防用具等的购置、维修和摊销费。

⑥劳动保险费是指由企业支付离退休职工的异地安家补助费、职工退休金、六个月以上的病假人员工资、职工死亡丧葬补助费、抚恤金、按规定支付给离退休干部的各项经费。

⑦工会经费是指企业按职工工资总额计提的工资经费。

⑧职工教育经费是指企业为职工学习先进技术和提高文化水平,按职工工资总额计提的费用。

⑨财务费是指企业为筹集资金而发生的各种费用。

⑩财产保险费是指施工管理用财产、车辆保险费。

⑪税金是指企业按规定缴纳的房产税、车船使用税、土地使用税、印花税等。

⑫其他包括技术转移费、技术开发费、业务招待费、绿化费、广告费、公证费、法律顾问费、审计费、咨询费等。

$$企业管理费＝人工费×企业管理费费率（见表7-31）$$

表7-31　企业管理费费率表

工程专业	计算基础	费率/(%)
各类通信工程	人工费	27.4

1.1.3　利润

利润是指施工企业完成所承包工程获得的盈利。

$$利润＝人工费×利润率（各类通信工程利润率均为20\%）$$

1.1.4　销项税额

销项税额是指按国家税法规定应计入建筑安装工程造价的增值税销项税额。

$$销项税额＝（人工费＋乙供主要材料费＋辅助材料费＋机械使用费＋仪表使用费＋措施费＋规费＋企业管理费＋利润）×11\%＋甲供主要材料费×适用税率$$

注:甲供主要材料适用税率为材料采购税率;乙供主要材料是指建筑服务方提供的材料。

1.2　设备、工器具购置费

设备、工器具购置费是指根据设计提出的设备(包括必需的备品备件)、仪表、工器具,按设备原价、运杂费、采购保管费、运输保险费和采取代理服务费计算的费用。

$$设备、工器具购置费＝设备原价＋运杂费＋运输保险费＋采保费＋采购代理服务费$$

(1)设备原价:供应价或供货地点价。

(2)运杂费为

$$运杂费＝设备原价×设备运杂费费率（见表7-32）$$

表 7-32　设备运杂费费率表

运输里程 L/km	取费基础	费率/(%)	运输里程 L/km	取费基础	费率/(%)
$L\leqslant100$		0.8	$1000<L\leqslant1250$		2.0
$100<L\leqslant200$		0.9	$1250<L\leqslant1500$		2.2
$200<L\leqslant300$		1.0	$1500<L\leqslant1750$		2.4
$300<L\leqslant400$	设备原价	1.1	$1750<L\leqslant2000$	设备原价	2.6
$400<L\leqslant500$		1.2	$L>2000$，每增 250 km 增加的运杂费费率		0.1
$500<L\leqslant750$		1.5			
$750<L\leqslant1000$		1.7	—		—

（3）采购及保管费为

采购及保管费＝设备原价×费率（见表 7-33）

表 7-33　采购及保管费费率表

项目名称	计算基础	费率/(%)
需要安装的设备	设备原价	0.82
不需要安装的设备（仪表、工器具）		0.41

（4）运输保险费为

运输保险费＝设备原价×运输保险费费率（0.4%）

（5）采取代理服务费：按实计算。

（6）引进设备（材料）的计算如下。

①国外运输费、国外运输保险费、关税、增值税、外贸手续费、银行财务费、国内运杂费、国内运输保险费、国内检验费、海关监管手续费等。

②计算后的费用列入设备、材料费中。

③单独引进软件不计关税，只计增值税。

第二章　工程建设其他费用

2.1　建设用地及综合赔补费

定义：按照《中华人民共和国土地管理法》等规定，建设项目征用土地或租用土地应支付的费用。

计算方法如下。

根据应征建设用地面积、临时用地面积，按建设项目所在省、市、自治区人民政府制定颁发的土地征用补偿费、安置补助费标准和耕地占用税、城镇土地使用税标准计算。

建设用地上的建（构）筑物如需迁建，其迁建补偿费应按迁建补偿协议计列或按新建同类工程造价计算。

2.2　项目建设管理费

定义：建设单位发生的管理性质的开支。

内容：差旅交通费、工具用具使用费、固定资产使用费、必要的办公及生活用品购置费、必要的通信设备及交通工具购置费、零星固定资产购置费、招募生产工人费、技术图书资料费、业务招待费、设计审查费、合同契约公证费、法律顾问费、咨询费、完工清理费、竣工验收费、印花税和其他管理性质开支。如果成立筹建机构,建设单位管理费还应包括筹建人员工资类开支。

计算方法如下。

建设单位可根据《关于印发〈基本建设项目建设成本管理规定〉的通知》(财建[2016]504号)结合自身实际情况制定项目建设管理费取费规则。

如建设项目采用工程总承包方式,其总包管理费由建设单位与总包单位根据总包工作范围在合同中商定,从项目建设管理费中列支。

2.3　可行性研究费

定义:在建设项目前期工作中,编制和评估项目建议书(或预可行性研究报告)、可行性研究报告所需的费用。

计算方法如下。

根据《国家发展改革委关于进一步放开建设项目专业服务价格的通知》(发改价格[2015]299号)文件的要求,可行性研究费实行市场调节价。

2.4　研究试验费

定义:为本建设项目提供试验、验证设计数据、资料等进行必要的研究试验及按照设计规定在建设过程中必须进行试验、验证所需的费用。

计算方法:根据建设项目研究试验内容和要求进行编制。

研究试验不包括以下项目。

(1)应由科技三项费用开支和项目(新产品试制费、中间试验费和重要科学研究补助费)。

(2)应在建筑安装费中列支的施工企业对材料、构件进行一般鉴定、检查所发生的费用及技术革新的研究试验费。

(3)应由勘察设计费或工程费中开支的项目。

2.5　勘察设计费

定义:委托勘察设计单位进行工程水文地质勘察、工程设计所发生的各项费用,包括工程勘察费、初步设计费、施工图设计费。

计算方法如下。

根据《国家发展改革委关于进一步放开建设项目专业服务价格的通知》(发改价格[2015]299号)文件的要求,勘察设计费实行市场调节价。

2.6　环境影响评价费

定义:按照《中华人民共和国环境保护法》《中华人民共和国环境影响评价法》等规定,为全面、详细评价本建设项目对环境可能产生的污染或造成的重大影响所需的费用,包括编制环境影响报告书(含大纲)、环境影响报告表和评估环境影响报告书(含大纲)、评估环境影响报告表等所需的费用。

计算方法如下。

根据《国家发展改革委关于进一步放开建设项目专业服务价格的通知》(发改价格

〔2015〕299号）文件的要求,环境影响评价费实行市场调节价。

2.7　建设工程监理费

定义:建设单位委托工程监理单位实施工程监理的费用。

计算方法如下。

根据《国家发展改革委关于进一步放开建设项目专业服务价格的通知》（发改价格〔2015〕299号）文件的要求,建设工程监理费实行市场调节价,可参照相关标准作为计价基础。

2.8　安全生产费

定义:施工企业按照国家有关规定和建筑施工安全标准、购置施工防护用具、落实安全措施及改善安全生产条件所需的各项费用。

计算方法如下。

参照《关于印发〈企业安全生产费用提取和使用管理办法〉的通知》（财企〔2012〕16号）文件规定执行。

2.9　引进技术及进口设备其他费用

具体内容如下。

(1)引进项目图纸资料复制费、备品备件测验费。

(2)出国人员费包括买方人员出国设计联络、出国考察、联合设计、监造、培训等所发生的差旅费、生活费及制装费等。

(3)来华人员费包括卖方来华工程技术人员的现场办公费、往返现场交通费、工资、食宿费、接待费等。

(4)银行担保及承诺费是指引进项目由国内外金融机构出面承担风险和责任担保所发生的费用,以及支付贷款机构的承诺费。

2.10　工程保险费

定义:建设项目在建设期间根据需要对建筑工程、安装工程及机器设备进行投保而发生的保险费,包括建筑安装工程一切保险、引进设备财产和人身意外伤害险等。

计算方法如下。

(1)不投保的工程不计取此项费用。

(2)不同的建设项目可根据特点选择保险种,根据投保合同计列保险费。

2.11　工程招标代理费

定义:招标人委托代理机构编制招标文件、编制标底、审查投标人资格、组织投标人踏勘现场并答疑,组织开标、评标、定标,以及提供招标前咨询、协调合同的签订等业务所收取的费用。

计算方法如下。

根据《国家发展改革委关于进一步放开建设项目专业服务价格的通知》（发改价格〔2015〕299号）文件的要求,工程招标代理费实行市场调节价。

2.12　专利及专有技术使用费

内容如下。

①国外设计技术资料费、引进有效专利及专有技术使用费和技术保密费;

②国内有效专用技术使用费;

③商标使用费、特许经营权费等。

计算方法如下。

①按专利使用许可协议和专有技术使用合同的规定计列;

②专有技术的界定应以省、部级鉴定机构的批准为依据;

③项目投资中只计取需要在建设期支付的专有技术使用费。协议或合同规定在生产期支付的使用费应在成本中核算。

2.13 其他费用

根据建设任务的需要,必须在建设项目中列支的其他费用,如中介机构审查费等。

2.14 生产准备及开办费

生产准备及开办费是指建设项目为保证正常生产(或营业、使用)而发生的人员培训费、提前进场费,以及投产使用初期必备的生产生活用具、工器具等购置费,具体内容如下。

①人员培训费及提前进场费:是指自行组织培训或委托其他单位培训的人员工资、工资性补贴、职工福利费、差旅交通费、劳动保护费、学习资料费等。

②为保证初期正常生产、生活(或营业、使用)所必需的生产办公、生活家具用具购置费。

③为保证初期正常生产(或营业、使用)必需的第一套不够固定资产标准的生产工具、器具、用具购置费(不包括备品备件费)。

计算方法如下。

新建项目按设计定员为基数计算,改扩建项目按新增设计定员为基数计算:

$$生产准备及开办费＝设计定员×生产准备费指标(元/人)$$

生产准备及开办费由投资企业自行测算,此项费用列入运营费。

第三章 预备费

预备费是指在初步设计阶段编制概算时难以预料的工程费,预备费包括基本预备费和价差预备费。

3.1 基本预备费

①进行技术设计、施工图设计和施工过程中,在批准的初步设计概算范围内所增加的工程费。

②由一般自然灾害所造成的损失和预防自然灾害所采取的措施项目费。

③竣工验收时,为鉴定工程质量,必须开挖和修复隐蔽工程的费用。

3.2 价差预备费

价差预备费是指设备、材料的价差。

计算方式如下。

$$预备费＝(工程费＋工程建设其他费)×预备费费率(见表7-34)$$

表 7-34　预备费费率表

工程专业	计算基础	费率/(%)
通信设备安装工程		3.0
通信线路工程	工程费+工程建设其他费用	4.0
通信管道工程		5.0

第四章　建设期利息

建设期利息是指建设项目贷款在建设期内发生并应计入固定资产的贷款利息等财务费。

计算方法:按银行当期利率计算。

请学生将模块六当中的估算报表转换为标准概预算表,并输出结果。

7.9 评价反馈

评价反馈表如表 7-35 所示。

表 7-35 评价反馈表

班级：   姓名：   学号：   评价时间：

评价内容	项目		自己评价				同学评价				教师评价			
			A	B	C	D	A	B	C	D	A	B	C	D
	课前准备	信息收集												
		工具准备												
	课中表现	发现问题												
		分析问题												
		解决问题												
	任务完成	方案设计												
		任务实施												
		资料归档												
		知识总结												
	课堂纪律	考勤情况												
		课堂纪律												

学生自我总结：

备注：A 为优秀，B 为良好，C 为一般，D 为不及格。

7.10　相关知识点

请学生将本模块所学到的知识点进行归纳,并写入表 7-36。

表 7-36　相关知识点

7.11　习题巩固

一、判断题

1.施工附加费、施工包干费均属于其他直接费用(　　)。

2.材料预算价格的运杂费中已包括了材料的二次搬运费(　　)。

3.综合概算书由各专业的单项工程概算书所组成(　　)。

4.人工幅度差是指在劳动定额中未包括,而在一般正常施工情况下又不可避免发生的一些零星用工因素(　　)。

5.材料费是指施工过程中耗用的构成工程实体的费用,不包括周转使用材料的摊销费(　　)。

二、单项选择题

1.(　　)不属于工程量计价格式的内容。

A. 封面　　　　　　　　　　B. 投标总价

C. 措施项目费分析表　　　　D. 后记

2. 编制概算的质量从高到低的正确顺序是(　　　)。

A. 概算指标→类似工程预算→概算定额

B. 概算指标→概算定额→类似工程预算

C. 类似工程预算→概算指标→概算定额

D. 概算定额→类似工程预算→概算指标

3. 制定标底,应报(　　　)审定。

A. 招标单位　　　　　　　　B. 招标投标办事机构

C. 设计单位　　　　　　　　D. 监理单位

4. 定额测定费属于间接费中的(　　　)。

A. 企业管理费　　　　　　　B. 财务费

C. 其他费用　　　　　　　　D. 其他直接费

5. 施工企业在投标报价中,下列说法错误的是(　　　)。

A. 应掌握工程现场情况

B. 发现工程量清单有误,可自行更正后报价

C. 工程单价可以同国家颁布的预算定额单价不一致

D. 投标报价按规定税率进行报价

7.12　思政案例分享

思政案例分享见二维码。

模块八　智慧农业综合练习

8.1　学习目标

1. 任务目标
- 熟悉智慧农业物联网工程项目的实施流程；
- 熟悉智慧农业物联网工程项目的施工设计内容；
- 掌握智慧农业传感器设备选型。

2. 能力目标
- 能够对物联网工程项目进行勘察；
- 掌握物联网工程项目的分工及设备需求表的绘制；
- 掌握工程图纸绘制；
- 能够对物联网工程项目进行施工部署。

3. 素质目标
- 培养主动观察的意识；
- 培养独立思考的能力；
- 培养积极沟通的意识；
- 培养团队合作的能力。

4. 思政目标
- 培养学生以知识服务社会的意识；
- 培养学生爱岗敬业的品德。

8.2　学习情境描述

微课：v8-1
智慧农业
讲解

智慧农业物联网系统通过对动植物、土壤、环境等从宏观到微观的实时监测，提高人们对农业动植物生命体本质的认知能力、农业复杂系统的调控能力和农业突发事件的处理能力，达到合理使用农业资源、降低生产成本、改善生态环境、提高农产品产量和品质的目的。

智慧农业利用安装在农产品种植现场的物联网数据采集装置和高清摄像装置，通过 NB-IOT/2G/3G/4G 等通信模块将数据上传到云平台，根据各个设备上报的数据进行汇总统计分析，即温度/湿度分析，土质情况、病虫害情况等环境监测数据，以指导农业操作，或进行自动化控制。

图 8-1 所示的为智慧大棚示意图。

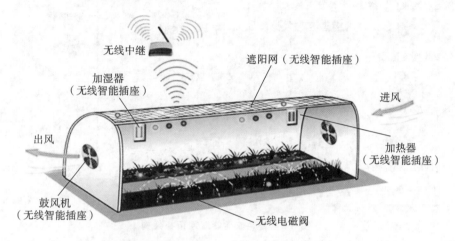

图 8-1　智慧大棚示意图

8.3　知识准备

智慧农业物联网拓扑架构如图 8-2 所示。

8.3.1　农业信息采集器

面向农业环境、作物、产品等管控对象，形成了系列化经济实用的传感设备，包括对温度/湿度、光照、CO_2、露点等测量的传感器，如图 8-3 所示。

1. 土壤墒情传感器

针对我国水资源严重缺乏，农业用水占总量高，灌溉水利用率低等问题，开发出农业墒情监测、节水灌溉控制土壤水分传感器。土壤墒情传感器如图 8-4 所示。

2. 水质光学传感器

溶解氧传感器（荧光淬灭），进一步结构性能优化，野外试验验证传感器的稳定性、一致性与防水性，集成到水下移动监测平台上进行水下移动试验，如图 8-5 所示。

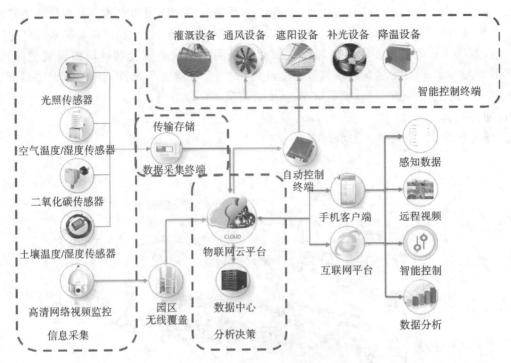

图 8-2　智慧农业物联网拓扑架构

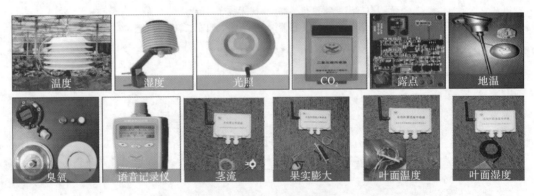

图 8-3　农业信息采集器

图 8-4　土壤墒情感知传感器

图 8-5　水质光学传感器

3. 植物生理生态监测系统

通过测量气室内 CO_2 浓度、水分含量、温度/湿度等参数变化，以及测量气室外的光合有效辐射值，计算某一时间段内作物光合速率、呼吸系数、蒸腾速率数据，如图 8-6 所示。

密闭气室

茎秆微变化传感器：可指导灌溉

手机光谱仪，光谱、温度同步测量

图 8-6　CO_2 传感器

4. 作物冠层温度感知器

作物冠层温度感知器非接触、低成本热红外技术，获取冠层区域的平均温度，如图 8-7 所示。

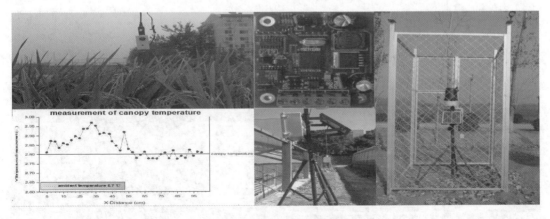

图 8-7　作物冠层温度感知器

5.病虫害监测系统

病虫害监测系统虫情采集设备采集虫情数据，通过大数据分析，集合 GIS 地块采集系统数据，提供病虫害的提前预警信息，为农林生产提供有效保障。

该监测平台对接县农业指挥监控中心，并通过手机 APP、短信等方式将病虫害预警信息发送给农业主管人员，做到及时预警、提前管控，如图 8-8 所示。

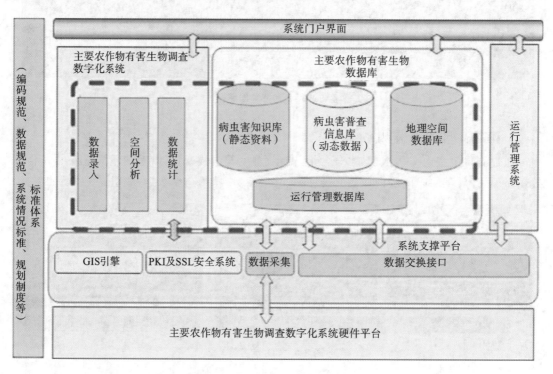

图 8-8　农作物检测系统门户网站

6.远程大田环境信息感知器

远程大田环境、图像信息监测系统，集成高清图像及双向语音对讲，如图 8-9 所示。

图 8-9　远程大田环境信息感知器

8.3.2　农业信息传输存储设备

1.信息传输设备

针对不同农业生产环境,集成开发了有线、无线等不同类型的信息传输设备,重点研究智慧农业物联网信息融合、知识发现、异构网络接入等,保证信息传输的及时、可靠、准确,如图 8-10 所示。

图 8-10　信息传输设备

2.信息服务

智慧农业物联网云平台是智慧农业物联网建设的"总开关""控制台"。各地在实施智慧农业物联网建设过程中,传感器采集数据都将接入物联网云平台(光纤和 GPRS 两种接入方式),由云平台分析整理后统一发布操作指令,实现精准化生产和远程操控。这样可节省一半以上的操作平台(软件)投入,并且有助于农业生产大数据的形成,如图 8-11 所示。

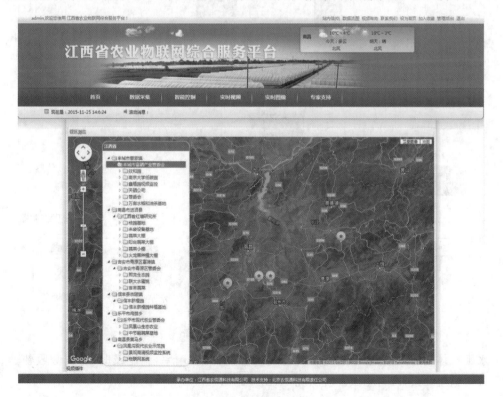

图 8-11　信息服务系统

3.农业信息处理分析模型

根据不同作物（动物）、不同品种、不同生育时期、昼夜生长规律，组建了各类作物生长发育模型，并根据该模型确定作物所需的适宜环境，以此作为对环境调控的依据，如图 8-12 所示。

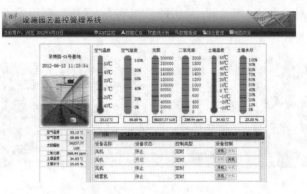

图 8-12　农业信息处理分析模型

4.农业智能控制设备

根据用户设置对天窗、遮阳网、保温被等双向调控设备及湿帘、灌溉、照明、风机等开关调控设备在多控制条件下进行自动调控，如图 8-13 所示。

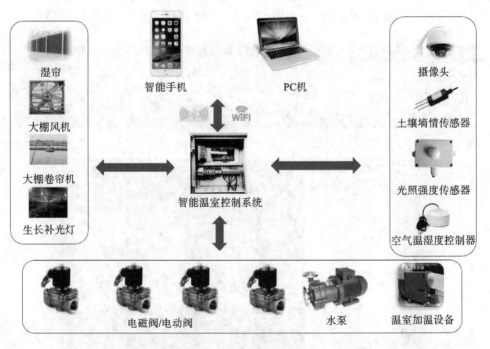

图 8-13　农业智能控制设备

水肥一体化灌溉措施：节省施肥劳力，提高肥料的利用率，施肥及时，养分吸收快速，有利于应用微量元素，改善土壤环境状况，如图 8-14 所示。

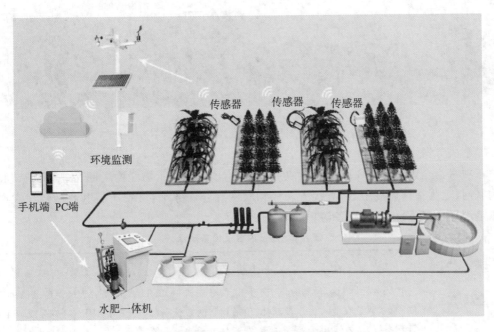

图 8-14　水肥一体化灌溉措施

5.农业机器人

农业机器人如图 8-15 所示。

图 8-15　农业机器人

8.3.3　案例分析

1.案例一:鹰潭水稻原种场智慧农业项目

1)技术需求

(1)承担水稻原种生产繁育及水稻引种、试验、示范、推广与新品种研发工作;示范种植优质蔬果等经济作物,推广设施农业、生态农业、休闲农业等现代农业模式。

(2)以四型农业为切入口,建设田园综合体,要求建设生态农业、设施农业、休闲农业、智慧农业。

鹰潭水稻原种场智慧农业项目如图 8-16 所示。

图 8-16　鹰潭水稻原种场智慧农业项目

2)解决方案

该项目为全国首个 NB-IOT 智慧农业项目,本项目建设了物联网大棚、水稻区域试验大田物联网、远程指挥调度中心、对省农业物联网综合服务平台、农产品电商平台和农产品质量追溯平台,建设内容及设备清单如表 8-1 所示。

表 8-1　建设内容及设备清单

项目内容	采购设备
远程指挥调度中心	4×5 47 寸拼接屏、防火墙、交换机、服务器机柜、PDU、配电箱、NVR 硬盘录像机、存储硬盘、智慧农业平台建设软件(包括物联网系统平台、物联网 APP 客户端、农业生产管理系统、赣农宝电子商务系统、农产品电子追溯系统)等
水稻区域试验大田物联网	200 W 室外球机、小型气象站、GPRS LED 显示屏、光缆收发器、交换机、防雷系统、防水机柜、配电箱等
物联网大棚	大棚环境参数采集终端、物理网大棚远程控制终端、GPRS LED 显示屏、200 W 室内球机、光缆收发器、交换机、配电箱等
普通大棚	大棚环境参数采集终端、200 W 室内球机、GPRS LED 显示屏、光缆收发器、交换机、配电箱等
机房	服务器机柜、PDU、电源箱、UPS、电池箱、电池组、防静电地板、空调

2.案例二:新干县粮油高产物联网系统建设项目

1)技术要求

(1)新干县粮油高产示范区定位高产增效粮油创建,具有一定现代农业科技示范作用;

(2)传统管理较为粗放,生产成本过高;

(3)缺乏有效政府监管及专家指导;

(4)无信息数据分析,缺乏针对性投放农业生产资料;

(5)还未实现耕地资源的合理高效利用和农业现代化精准管理来推动农业生产的高效管理、提升农业生产效能。

2)解决方案

围绕新干县粮油高产物联网系统建设项目农产品生产管理需求,利用计算机技术、网络技术、农业物联网技术等,在县农业局建设县级农业指挥调度中心,在高产粮油园区建设物联网系统,重点建设包含数据采集、气象监测、虫情监测、视频监控、鱼情及作物生长监测、数据中心、会议室基础装修等内容,成为吉安智慧农业项目标杆,对后期县、市农业项目起到促进作用,建成后效果如图 8-17 所示。

图 8-17 新干县粮油高产物联网系统建设项目示意图

建设内容及设备清单如表 8-2 所示。

表 8-2 建设内容及设备清单

项目内容	采购设备
智慧农业生产调度中心	4×5 47 寸液晶拼接屏、图像处理系统、专业功放、专业音箱、音箱支架、调音台、音频处理器、会议麦克风、防火墙、核心交换机、服务器机柜、PDU、配电箱、NVR 硬盘录像机、存储硬盘、智慧农业平台建设软件(包括物联网系统平台、物联网 APP 客户端、赣农宝电子商务系统、农产品电子追溯系统)等
大田物联网	大田六参物联网数据采集终端、水产四参物联网数据采集终端、GPRS LED 显示屏、防雷系统、作物生长视频监控摄像机(视频采集终端、防雷接地系统、弱电避雷器、防水弱电箱)、鱼情视频监控摄像机(视频采集终端、防水弱电箱、防雷接地系统、弱电避雷器)、农业生产全景展示系统(4K 高清摄像机、防水弱电箱、防雷接地系统、弱电避雷器)、气象监测及虫情采集设备站(虫情测报系统、小型农业气象站)
通信服务	物联网卡(数据传输)、物联网卡(图像传输)、100 MB 互联网专线、80 MB 互联网专线、移动控制终端

8.4 任务书

请学生根据信科楼 601 沙盘展示的智慧农业项目,完成项目的勘察、设计、设备选型、预算投资、施工组织、施工计划等内容。智慧农业沙盘如图 8-18 所示。

图 8-18　智慧农业沙盘

8.5　任务分组

任务分组如表 8-3 所示。

表 8-3　任务分组表

班级		组别		指导老师	
————组 员 列 表————					
姓名	学号	任务分工			

8.6　工作准备

请学生按照各自划分的小组按照信科楼 601 沙盘进行方案设计、设备选型,可以从相关企业的网站上进行设备选型,也可以从购物网站上进行初步选型,选型完成之后进行方案设计,要求有架构图、各个模块的详细描述、突出设计方案亮点。最后按照小组进行施工组织,按照横道图的要求制作施工计划、计算施工工期、预测施工过程中存在的风险及解决方案,要求施工安排合理、合规。

8.7　引导问题

8.7.1　项目实施组织构架及管理

为了确保××物联网智慧农业工程的实施质量、工期和系统稳定运行,我们成立了以总工程师为首的项目领导班子,其各岗位职责如下。

1.项目经理职责

(1)实施并全面履行合同,处理合同变更事宜,协调与业主、监理公司、估价师的关系,接受建设单位和监理公司的监督。

(2)领导制定施工计划,审定各种施工方案。

(3)对工程质量、进度和成本进行总体控制。

(4)组织工程验收、交工和结算。

(5)负责项目人员组织调配,确定现场人员增减计划。

(6)对外重要文件的审定和签发。

(7)考核、评定项目管理人员的业绩。

2.项目管理顾问职责

(1)根据工程管理目标、要素、功能、原则,进行项目的科学管理。

(2)推行 ISO9001 质量管理体系、PMI 项目管理体系和矩阵式项目管理方法,使三者有机整合,形成一套项目实施管理模式。

(3)指导、监督各子项目工程施工管理,解决施工管理中实际问题。

3.现场经理及技术负责人的职责

(1)项目经理下设现场经理和技术负责人,除协助项目经理做好上述工作外,还需要对工程安全、质量、进度、施工技术负全责。

（2）代表项目部与××部门或土建总承包商进行联系，尽快解决施工过程中的技术方案和施工工艺问题。

（3）代表项目经理签署发向××部门的报表、信件和经项目经理批准的重要的对外信件。

（4）代表项目部出席××部门或土建总承包商组织的各种工程协调会议。

（5）主持编制施工方案、施工进度计划；审定施工中的各项技术措施。

（6）负责控制总工期；负责调控各阶段的工期。

（7）执行图纸会审、技术交底、隐蔽验收、安装记录、测试记录、中间验收等技术管理措施；负责控制工程质量。

（8）指挥督察下属人员各司其职。

（9）组织各专业的管理人员和各专业工程技术人员，与水、电、风及其他系统的技术人员进行施工协调和设计质疑。

（10）现场经理及技术负责人下设文档管理员、安全员、质量员、计划员、仓库管理员、各专业工程师等。

4. 文档管理员职责

（1）收发各类对上对下的文件。

（2）按照 ISO9000 质量管理体系整理、管理工地各类文件资料和档案。

（3）按照××市城建档案管理要求、弱电工程管理的特点，协助各专业工程师整理技术文档、测试报表、竣工图纸和资料。

5. 安全员的职责

负责工地施工的安全管理，并和现场经理，各专业小组工程管理人员一起，监督安全施工的全过程，纠正违章，排除施工的不安全因素，实施安全施工否决权。

6. 质量员的职责

认真贯彻国家及有关部门颁发的技术标准规范和执行 ISO9000 质量管理体系，与现场经理及专业小组工程管理人员一起，深入现场，监督按照规范施工、按照图纸施工的全过程。严格工艺纪律，做好工序质量控制，实施质量否决权。

7. 计划员的职责

负责组织编制总体施工进度计划和各阶段的施工计划。对施工进度负有检查、监督、协调、控制之责。深入施工现场，掌握施工进度，检查各单位工程计划完成的情况并做好记录。

8. 各专业管理小组（专业工程师）岗位责任

（1）按照招标文件的技术要求，深化本专业系统设备清单、施工图纸和资料。

（2）制定本专业施工技术方案，在服从总体施工进度计划的前提下，制定施工进度计划、设备材料到场计划和用工计划。

（3）配合工地安全员对每个施工人员进行安全教育。

（4）深入施工现场，督导施工人员严格按照图纸规范和技术要领施工。

（5）深入施工现场，控制本专业小组，完成施工进度计划并做好记录。

（6）根据现场情况变化，及时调整劳力和机具，以防窝工和浪费。

8.7.2　工程实施准备

　　根据××物联网智慧农业工程的规模、特点及总工期要求,工程实施准备分为四个阶段:工程准备阶段、工程实施阶段、工程调试验收阶段、工程配合使用阶段。每个阶段采用相应高效的管理方法,保证工作圆满完成。

　　以工程承包合同为依据,抓紧施工图深化设计和施工图的会审工作。完善系统施工图和其他项目施工图的协调工作。同××项目负责人员讨论,最终确定工程各子系统设备清单,以便设备的订货、进口和运输。在总体工程进度计划的指导下,编制系统工程进度总计划、年度计划和现阶段的施工计划。编制系统总体施工方案和各设备系统的分项施工方案。在现场经理及技术负责人主持下,各专业工程师向施工班组进行认真仔细的技术交底。施工班组在接受交底后,认真贯彻施工意图。

8.8　工作计划与实施

以下方案仅供学生参考使用。

智慧农业建设果蔬大棚物联网
项目方案

前　言

　　物联网信息技术在 2006 年被评为未来改变世界的十大技术之一,是继互联网之后的又一次产业升级,是十年一次的产业机会。总体来说,物联网是指各类传感器和现有的互联网相互衔接的新技术,物物相连,相互感知,若干年后,地球上的每一粒沙子都有可能分配到一个确定地址,它的各种状态、参数可被感知。2009 年 8 月温家宝总理在无锡提出"感知中国",物联网开始在中国受到政府的重视和政策牵引。每年国家一号文件(连续 19 年以"三农"问题为主题)更是着重讲述物联网技术在农业中的应用。物联网信息技术与现代农业的结合更加是国家重点推动的关键示范应用。

目　录

正文节选

第一章　农业物联网在现代设施农业应用的意义

我国是农业大国,而不是农业强国。近30年来果蔬高产量主要依靠农药化肥的大量投入,大部分化肥和水资源没有被有效利用而被随地弃置,导致大量养分损失并造成环境污染。我国农业生产仍然以传统生产模式为主,传统耕种只能凭经验施肥灌溉,不仅浪费大量的人力、物力,也对环境保护与水土保持构成严重威胁,对农业可持续发展带来严峻挑战。

本项目针对上述问题,利用实时、动态的农业物联网信息采集系统,实现快速、多维、多尺度的果蔬信息实时监测,并在信息与种植专家知识系统基础上实现农田的智能灌溉、智能施肥与智能喷药等自动控制。突破果蔬信息获取困难与智能化程度低等技术发展瓶颈。

目前,我国大多数果蔬生产主要依靠人工经验尽心管理,缺乏系统的科学指导。设施栽培技术的发展,对农业现代化进程具有深远的影响。设施栽培为解决我国城乡居民消费结构和农民增收、为推进农业结构调整发挥了重要作用。大棚种植已在农业生产中占有重要地位。要实现高水平的设施农业生产和优化设施生物环境控制,信息获取手段是最重要的关键技术之一。

物联网技术的发展,为农业大棚的发展创造了条件。基于智能传感技术、无线传输技术、智能处理技术及智能控制等农业物联网应用的智能果蔬大棚种植系统,集数据实时采集、无线传输、智能处理和预测预警信息发布、辅助决策等功能于一体,通过对大棚环境参数的准确检测、数据的可靠传输、信息的智能处理及设备的智能控制,实现农业生产的高效管理。网络由数量众多的低能源、低功耗的智能传感器节点组成,能够协同实时监测、感知和采集各种环境或监测对象的信息,并对其进行处理,获得详尽而准确的信息,通过无线传输网络传送到基站主机及需要这些信息的用户,同时用户也可以将指令通过网络传送到目标节点使其执行特定任务。

物联网在农业领域中有着广泛的应用。我们从农产品生产不同的阶段来看,无论是从种植的培育阶段和收获阶段,都可以用物联网技术来提高工作效率和精细管理,举例如下。

1. 在种植准备的阶段

我们可以通过在大棚里布置很多的传感器,实时采集当前状态下土壤信息,来选择合适的农作物并提供科学的种植信息及其数据经验。

2. 在种植和培育阶段

可以用物联网技术手段进行实时的温度/湿度、CO_2 等的信息采集,且可以根据信息采集情况进行自动的现场控制,以达到高效的管理和实时监控的目标,从而应对环境的变化,保证植物育苗在最佳环境中生长。例如,通过远程温度采集,可在了解实时温度情况后,手动或自动在办公室对其进行温度调整,而不需要人工去实施现场操作,从而节省了大量的人力。

3. 在农作物生长阶段

可以利用物联网实时监测作物生长的环境信息、养分信息和作物病虫害情况。利用相关传感器准确、实时地获取土壤水分、环境温度/湿度、光照等情况,通过实时的数据监测和专家经验的结合,配合控制系统调理作物生长环境,改善作物营养状态,及时发现作物的病虫害爆发时期,维持作物最佳生长条件,对作物的生长管理及其为农业提供科学的数据信息等方面有着非常重要的作用。

4. 在农产品的收获阶段

我们也同样可以利用物联网的信息,对传输阶段、使用阶段的各种性能指标进行采集,反馈到前端,从而在种植收获阶段进行更精准的测算。总而言之,物联网农业智能测控系统能大大提高生产管理效率,节省人工(对大型农场来说,几千亩的土地如果用人力来进行浇水施肥、手工加温,手工卷帘等工作,其工作量相当庞大且难以管理,如果应用了物联网技术,手动控制也只需点击鼠标这个微小的动作,就可以完全替代烦琐的人工操作),而且能非常便捷地为农业各个研究领域提供强大的科学数据理论支持,其作用在当今的高度自动化、智能化的社会中是不言而喻的。

第二章　果蔬大棚物联网方案概述

2.1　系统设计原则

内容略。

2.2　系统功能特点

采用超低功耗、节能环保、低功耗设计,采用太阳能供电的方式完全可以满足大部分设备的需要。

网络采用现代网络——物联网新技术,采用最先进的物联网技术,具有自组网、自愈合、云端计算等全新功能。

无线技术采用 Zigbee、5G、WLAN 等无线技术,安装方便,携带方便,无基建成本、无改造成本,避免了布线带来的火灾隐患,突破了有线只能在本地计算机进行查看和浏览的限制,用户可以突破时间和地域的限制,随时随地了解生产现场状况。

显示方式采用计算机、手机等不同的显示方式,适合在示范基地不同地方使用,充分体现现代农业与现代光电信息技术的融合。

图像与视频采用彩色高清(1080 P)摄像机,通过多维信息与多层次处理实现农作物的最佳生长环境调理及施肥管理。图像与视频的引用,直观地反映了农作物生产的实时态势,可以侧面反映出作物生长的整体状态及营养水平,可以从整体上给农户提供更加科学的种植决策理论依据。

多种形式的报警,适合不同场合需要,可设定各监控点位的温度/湿度报警限值,当出现数据异常时可自动发出报警信号,并根据系统设定的控制方式触发相应自动控制动作。报警方式有现场多媒体声光报警、网络客户端报警、手机短信息报警等,不同故障及时通知不同的值班人员。

远程控制管理/故障诊断系统:远程通过 Internet 登录平台,监测相关信息(环境信息与管理信息),同时可以参与设备控制。

扩展性强:在系统设计时预留相应的接口,可以随时增加监测项目,如增加部分温度测试端口、湿度测试端口等,甚至大规模增加测试探头,系统的改进也可以在很短的时间内完成。

友好的控制软件界面具有简单、明了的特点。大棚模型与真实大棚相对应,可以更直观地控制各系统,通过调节所需的环境参数,软件会启动相应的设备实现用户设定的环境要求。自动分析整理室内外环境因子数据,以图表形式得出分析结果。

每个节点数据传到云端服务器,远程专家可以根据实际情况进行分析(特殊情况要参考当地土质情况),也可以让远程专家会诊,进而进行相应的控制作业。

现有大型农业生产企业、农业示范基地的信息化改造,用自动化的技术手段替代了用户现有的定期数据采集工作,提升了数据采集的准确度和可靠性,让用户可以将精力专注在数据的分析和管理上。

2.3　系统组成

针对现代农业示范基地需求而开发的物联网信息技术整体解决方案,主要包括以下三部分。

(1)基地环境信息采集部分包括大棚空气温度/湿度信息监测、土壤信息监测、气象信息监测、视频信息采集等。

（2）基地设备自动控制部分包括大棚的温度控制、遮阳控制、风机、补光、加热、开窗、灌溉、水肥控制等。

（3）基地信息发布与智能处理部分包括 LED 信息发布系统、中央控制室的管理平台、意外信息的手机报警处理等功能。

2.4 系统示意图

农业物联网的基本概念是实现农业上作物与环境、土壤与肥力间的物物相联的关系网络，通过多维信息与多层次处理实现农作物的最佳生长环境调理及施肥管理。但是对管理农业生产的人员而言，仅仅数值化的物物相联并不能完全营造作物最佳生长条件。视频与图像监控为物物相联提供了更直观的表达方式。例如，哪块地缺水了，从物联网单层数据仅仅能看到水分数据偏低。灌溉程度不能仅仅根据这一个数据死搬硬套地进行决策。因为农业生产环境的不均匀性决定了农业信息获取上的先天性弊端，而很难从单纯的技术手段进行突破。视频监控的引用，直观地反映了农作物生产的实时状态，引入视频图像与图像处理，既可以直观反映一些作物的生长态势，也可以侧面反映作物生长的整体状态及营养水平，可以从整体上给农户提供更加科学的种植决策理论依据。系统示意图如图 8-19 所示。

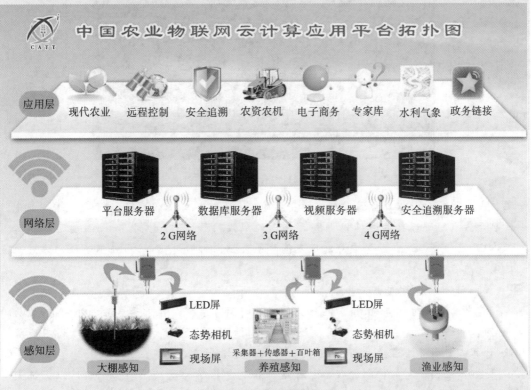

图 8-19 系统示意图

第三章 各子系统介绍

3.1 环境参数采集子系统

每一个大棚配置一套种植环境多参数组合采集器，它包括温度、湿度、光照度、

CO_2、土壤温度、土壤水分六参数，通过 WLAN 无线传感网组成一个智能无线网络，多个大棚将各自环境参数适时上传给云端服务器，如图 8-20 所示。

3.2 自动控制系统

根据环境参数，采集系统获取的数据及各类作物适宜环境参数，驱动各类监控器和温度控制子系统、通风控制子系统等构成的整个自动化控制网络，如图 8-21 所示。

3.2.1 温度控制子系统

3.2.1.1 自动降温原理

夏季采用自然和强制通风降温的方式进行降

图 8-20 环境采集子系统

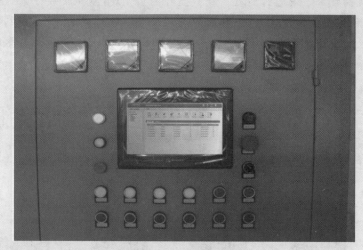

图 8-21 自动控制系统

温。由应用平台根据目标温度与实际室温的偏差及室温的变化率进行模糊计算。首先开启开窗系统进行自然通风以调整大棚内的温度，经过一段时间，如果温度还不能降低，则开启侧窗系统。如果自然通风不能降低大棚内的温度，则采用强制通风的方式来控制室内温度。

3.2.1.2 强制通风原理

首先通过延时计算关闭天窗系统，其次关闭侧窗系统。首先开启湿帘外翻窗，然后开启风机，进行温度判断，如果温度还不能降低，则开启湿帘水泵；假如温度还不能降低，计算机就会开启温度过高报警，提示用户需要增加降温设备。

说明：上面所有的控制过程都配有延时和稳定判断时间、动作稳定时间，以保证大棚设备不频繁进行开启关闭动作，从而更好地保护大棚。

3.2.1.3 自动升温原理

冬季采用暖气升温或地源热泵中央空调系统的方式，由应用平台根据目标温度与实际室温的偏差及室温的变化率进行模糊计算，通过调节暖气恒温阀的开合度来控制室内温度。

3.2.2 通风控制子系统

3.2.2.1 自动控制原理

由室内传感器采集大棚内部的温度值来进行模糊计算以得出大棚内的温差值,如果温差值过大,则自动开启循环风机。同时采集大棚内的湿度值,如果湿度偏差值过大,则自动开启循环风机,以平衡大棚内的湿度偏差值。

3.2.2.2 手动/定时控制原理

新风换气机可由计算机操作人员通过控制进行人工操作,也可以进行定时通风来达到通风换气的目的。

3.2.3 外遮阳控制保护子系统

3.2.3.1 自动控制原理

在光照较强时,计算机通过室外气象站系统采集的高灵敏度光照值,与计算机设定的控制目标进行对比,如果高于计算机设定目标值,则自动展开外拉幕,进行遮光;如果低于计算机设定目标值,则自动收拢外拉幕。

3.2.3.2 定时控制原理

可以由监控仪定时进行遮阳,也可以由工作人员通过监控仪操作。

3.2.4 补光控制子系统

3.2.4.1 自动控制原理

计算机通过室内数据采集器传回来的高灵敏度的光照值,与设定目标值进行对比,如果高于设定目标值,则自动关闭补光灯;如果低于设定目标值,则自动打开补光灯。同时,内部有一个光照累积时间的设置值,如果累积时间不够,则补光灯会在选定时间打开补光灯,进行补光。

3.2.4.2 定时控制原理

可通过多组定时器,设置不同时间、时间长度开启补光灯。

LED 补光灯:不同波长的光线对植物光合作用的影响是不同的,植物光合作用需要的光线,波长为 $400\sim720$ nm。$400\sim520$ nm(蓝色)及 $610\sim720$ nm(红色)的光线对光合作用贡献最大。$520\sim610$ nm(绿色)的光线,被植物色素吸收的比率很低。LED 补光灯根据植物光合作用选择光性的生长机理,采用 LED 作为光源,按照科学的 RGB 配比进行混色,人工合成植物生长所必需的光,光谱集中为 $440\sim450$ nm、$650\sim660$ nm。与普通植物灯相比,其优势明显,普通植物灯会辐射出对植物生长无用的紫外光和红外光,浪费大量电能,而 LED 补光灯采用电致发光机理,在同等光强的条件下,LED 补光灯要比普通植物灯节电 80% 以上。普通植物灯的寿命一般只有 $1000\sim5000$ h,而 LED 补光灯的寿命为 $30000\sim50000$ h。LED 补光灯具有长效、节能、光能利用率高、不产生对植物生长无效的光的特点。

3.2.5 灌溉控制子系统

3.2.5.1 自动控制原理

在控制工程方面,采用稳定工业 PLC 作为控制核心,采用高性能矢量变频器作为水路恒压控制核心,对灌溉、施肥、喷药实施恒压与压力调节控制,实现节能、长时间无人值守的安全全自动控制。根据土壤湿度传感器采集的值,与设定目标值进行对比,如果高于设定目标值,则自动关闭灌溉阀门;如果低于设定目标值,则自动打开灌溉阀门。

3.2.5.2 定时控制原理

轮灌方式,可设定在某个时间段进行灌溉,可每个小时灌溉一次,同时也可设定灌溉的次数。这样有效地保护了水泵,同时也使土壤更好地吸收水分。

3.2.6 喷雾控制子系统

3.2.6.1 自动控制原理

根据室内湿度传感器的值,与设定目标值进行对比,如果高于设定目标值,则自动关闭喷雾阀门;如果低于设定目标值,则自动打开喷雾阀门。

3.2.6.2 定时控制原理

轮灌方式,可设定在某个时间段进行灌溉,可每个小时灌溉一次,同时也可设定灌溉的次数。这样有效地保护了水泵,同时也使土壤更好地吸收水分。

3.2.7 水肥一体化控制子系统

水肥一体化控制子系统由水肥一体化控制算法和现场控制器组成。水肥一体化控制算法依据用户设置的灌溉施肥策略,参考相应传感器信号,自动运行灌溉施肥的精准控制,促进作物生长,同时省工省水。水肥一体化控制子系统的控制箱,将相应传感器信号通过现场设备控制,同时将设备运行结果上传给中继器——云端服务器,完成水肥精准控制。

3.3 视频监控子系统

视频监控子系统的主要功能如下。

(1)大棚安防、大棚安防、生产无人值守、防盗、生产状态监视、常规的病虫害监测。

(2)关键设备的图像监控对大棚自动控制室、关键性设备运行状态及报警信息,进行图像监控。

(3)远程图像/视频监控系统接入平台后,用户可以通过远程视频,查看企业生产产品及生产状态(如果客户访问量大,视频多,对计算机的要求很高,视频浏览会有延迟)。农业专家可以通过远程图像/视频及相关历史环境参数,进行科学生产。

3.4 信息发布系统

信息发布系统分为无线显示条屏(现场屏)和管理中心大屏幕显示或电视墙终端。显示屏用于实时显示基地各大棚的环境测量值。

显示屏的显示信息一目了然,便于工作人员及时了解情况,采取应对措施。同时基地管理中心可以通过无线信号发送通知,可以实时显示,有利于政策的下达与落实。同时管理中心也可以无线控制基地的其他电子显示屏,发布通知、政策等,这大大提高了基地的数字化管理水平。

第四章　中央控制室及管理软件平台

管理中心或者调度室主要应用大屏幕显示电视终端,可以实时显示系统的运行情况。大屏幕显示电视终端示意图如图8-22所示。

应用平台提供数据管理、设备管理、自动控制管理、报警信息管理、知识库管理等信息。

4.1 系统平台功能

4.1.1 登录平台

用户可以在IE浏览器里直接输入网址以进入平台,如图8-23所示。

图 8-22　大屏幕显示电视终端示意图

图 8-23　登录平台

4.1.2　选择模块

选择模块主要有现代农业、农资农机、水利气象、电子商务、专家库、安全追溯、自然灾害等模块,用户可以根据自己的需求来选择相应的模块,如图 8-24 所示。

4.2　数据采集功能

标准值设定:智能自动调控。

用户可根据专家系统和管理员经验设定上下限值,当采集到的数据超出上下限值时,系统自动进行相应控制动作。

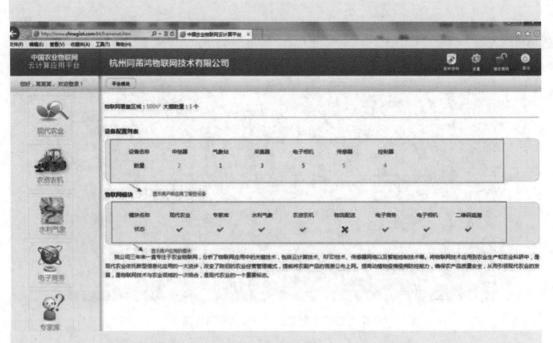

图 8-24   选择模块

数据实时观察如图 8-25 所示。

图 8-25   数据实时观察图

趋势图查询服务可方便客户观察一段时间内检测值变化较大的检测点,数据实时曲线图如图 8-26 所示。

历史数据查询服务提供监测点检测数据查询,为研究大棚生物生长规律提供科学依据,历史数据查询如图 8-27 所示。

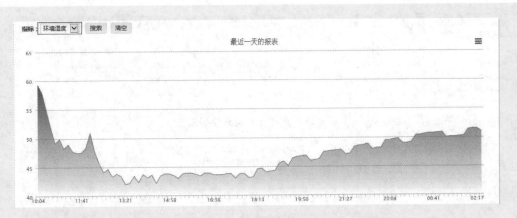

图 8-26　数据实时曲线图

数据指标	历史数据	采集时间
土壤温度	24.0	2013-09-02 02:27:26
土壤温度	24.0	2013-09-02 02:17:40
土壤温度	24.0	2013-09-02 02:08:04
土壤温度	24.0	2013-09-02 01:58:27
土壤温度	24.0	2013-09-02 01:48:41
土壤温度	24.0	2013-09-02 01:39:05
土壤温度	24.0	2013-09-02 01:29:19
土壤温度	24.0	2013-09-02 01:19:43
土壤温度	24.0	2013-09-02 01:09:54
土壤温度	24.0	2013-09-02 01:00:18

设备数据查询　X

查询日期：2013-07-02 - 2013-09-02　搜索　清空

1 2 3 4 5 6 7 … ▶ 到第 1 页 确定

图 8-27　历史数据查询

4.3　设备控制

　　管理员可根据实际需求灵活选择控制模式：手动控制模式和定时控制模式。手动控制模式下管理员可通过手机、计算机等工具对种植场设备进行远程控制，只需点击相应按钮，就能达到对开关设备的控制。定时控制模式下管理员同样可通过手机、计算机等工具选择开启、关闭设备的相应时间，就能达到设备的定时开启与关闭的功能。智能自动调节控制系统如图 8-28 所示。

名称	型号	数据指标	实时数据	采集时间	参数下限			参数上限			操作
土壤温度	TPH-SE00002	土壤温度	24 ℃	2013-09-02 02:27	20	℃ 保存	设备关联	35	℃ 保存	设备关联	历史数据
环境照度	TPH-SE105000002	环境照度	2 lux	2013-09-01 18:03	500	lux 保存	设备关联	2000	lux 保存	设备关联	历史数据
气压传感器	TPH-SE108D	环境气压	1022 hpa	2013-09-02 02:27	900	hpa 保存	设备关联	1200	hpa 保存	设备关联	历史数据
湿度传感器	TPH-SE108D	环境湿度	51 %	2013-09-02 02:27	30	% 保存	设备关联	75	% 保存	设备关联	历史数据
温度传感器	TPH-SE108D	环境温度	33 ℃	2013-09-02 02:27	20	℃ 保存	设备关联	35	℃ 保存	设备关联	历史数据

图 8-28　智能自动调节控制系统

设备关联控制功能是更具人性化的设备关联控制功能,此系统基于 Web 云计算平台,方便、实用、可移植性强,如图 8-29 所示。

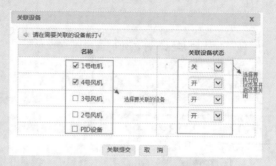

图 8-29　设备关联控制系统

4.4　视频植物生长态势监控功能

植物生长态势监控采用高清植物生长态势摄像机拍摄植物生长过程,并实时上传到服务器,供用户观察植物生长情况、掌握植物的生长状态,为科学化管理提供依据,如图 8-30 所示。

图 8-30　植物生长态势监控

种植过程管理功能:系统有种植信息、施撒信息、采摘信息等,如图 8-31 所示。

仓储环境管理功能:系统对采摘入库、出库信息及仓储环境实时监测及控制等。

安全追溯系统功能:系统根据种植过程信息、仓储环境实时监测信息及农产品包装出库信息,打印二维码标签等。

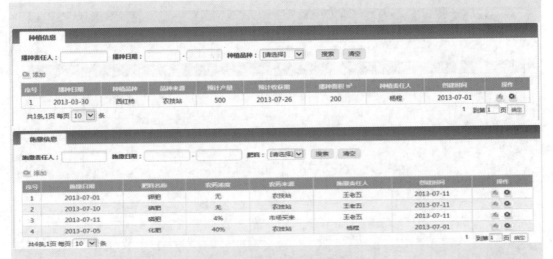

图 8-31 种植过程管理功能

追溯码查询功能如图 8-32 所示。

生成打印二维码：

品牌：同莆科技
品种：西红柿
重量：8.05
采摘时间：2103-08-19
追溯地址：http:www.tophons.com
追溯编码：AED941GMHX2

图 8-32 追溯码查询功能

农资农机信息功能：系统可查阅所在地附近的生产资料供应站及农机合作社的信息，点击鼠标填写需求，对应的供应站及合作社会进行相应的服务等，如图 8-33 所示。

物流配送管理功能：系统可查阅所在地附近的物流公司信息，点击鼠标填写需求，则对应的物流公司会及时上门服务等。

专家查询系统功能：链接平台服务器的数据库，搜索需要的信息，或递交相应的问题，等待回应等。

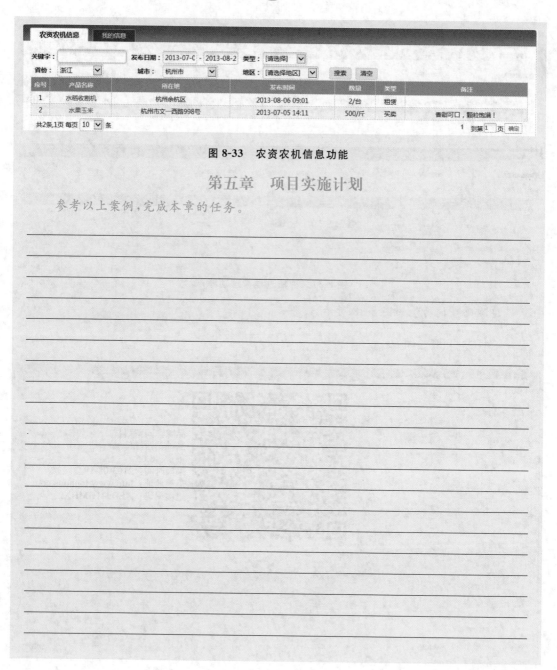

图 8-33　农资农机信息功能

第五章　项目实施计划

参考以上案例，完成本章的任务。

8.9　评价反馈

评价反馈表如表 8-4 所示。

表 8-4　评价反馈表

班级：　　　　　　姓名：　　　　　　学号：　　　　　　评价时间：

评价内容	项目		自己评价				同学评价				教师评价			
			A	B	C	D	A	B	C	D	A	B	C	D
	课前准备	信息收集												
		工具准备												
	课中表现	发现问题												
		分析问题												
		解决问题												
	任务完成	方案设计												
		任务实施												
		资料归档												
		知识总结												
	课堂纪律	考勤情况												
		课堂纪律												

学生自我总结：

备注：A 为优秀，B 为良好，C 为一般，D 为不及格。

8.10　相关知识点

请学生将本模块所学到的知识点进行归纳，并写入表 8-5。

表 8-5　相关知识点

8.11　习题巩固

1. 什么是智慧农业？
2. 简述智慧农业的系统组成。
3. 智慧农业大棚具有哪些功能？
4. 智慧农业大棚包括哪些设备？
5. 简述传感器的定义。
6. 传感器有哪些性能指标？
7. 传感器的选择原则有哪些？
8. 智慧农业的应用领域有哪些？
9. 简述智慧农业的意义。
10. 试分析智慧农业未来的发展趋势。

8.12　思政案例分享

思政案例分享见二维码。

参 考 文 献

[1]　杨埙,姚进.物联网项目规划与实施[M].北京:高等教育出版社,2018.

[2]　谭志彬,柳纯录,周立新,等.信息系统项目管理师教程[M].北京:清华大学出版社,2017.

[3]　严玲.招投标与合同管理工作坊——案例教学教程[M].北京:机械工业出版社,2015.